インプレスR&D [NextPublishing] 技術の泉 SERIES
E-Book / Print Book

プロジェクト思考で行こう！
技術同人誌を作る技術

稲山 文孝 著

体系的に知る、
技術同人誌の制作執筆手法！

impress R&D
An impress Group Company

技術の泉 SERIES

目次

はじめに …………………………………………………………… 9

技術同人誌を出そう ……………………………………………… 9

あなたが技術同人誌を書く3つの理由 ……………………… 9

様々な手法を実践する機会 ……………………………………… 9

実践知を形式知に変える機会 ………………………………… 10

あなたの知見は他のエンジニアの宝物 …………………… 10

テンプレートについて ………………………………………… 11

免責事項 …………………………………………………………… 11

表記関係について ……………………………………………… 11

底本について …………………………………………………… 11

第1章　技術同人誌の執筆を始める前に ………………………… 13

1.1　エンジニアの知見を形に ………………………………… 13

1.2　本書の対象読者 …………………………………………… 13

1.3　この本で出来ること ……………………………………… 14

1.4　この本で出来ないこと …………………………………… 14

1.5　活動全体を把握しよう …………………………………… 14

　　　1.5.1　活動概要 …………………………………………… 15

　　　1.5.2　活動の特性 ……………………………………… 16

1.6　プロジェクトマネジメント・フレームワークを活用する ……… 17

1.7　制約事項 …………………………………………………… 18

　　　1.7.1　サークルの当落 ………………………………… 18

　　　1.7.2　入稿日 ……………………………………………… 19

第2章　技術同人誌の構想と企画 ··· 20

2.1　コンセプト作り ··· 21
　　2.1.1　イベントとコンセプト ··· 21

2.2　イベントへの申し込み ·· 22
　　2.2.1　イベント申し込みからの期間 ··· 22

2.3　活動方針 ··· 22
　　2.3.1　判断基準を決める ··· 23
　　2.3.2　納期 ··· 24
　　2.3.3　品質 ··· 24
　　2.3.4　コスト ··· 25

2.4　役割 ··· 25
　　2.4.1　編集長 ··· 26
　　2.4.2　編集者・執筆者 ··· 26
　　2.4.3　レビュアー ··· 27

2.5　イベントの選定 ··· 27
　　2.5.1　イベントに申し込む ··· 27

2.6　媒体の選択 ··· 29
　　2.6.1　紙媒体 ··· 29
　　2.6.2　電子媒体 ··· 30
　　2.6.3　電子出版プラットフォーム ··· 30

2.7　コンセプト作りのツール ·· 31
　　2.7.1　エレベータピッチを書く ··· 31
　　2.7.2　ビジネスモデルキャンバスを書く ····································· 33

2.8　技術同人誌の企画 ··· 35
　　2.8.1　企画の背景 ··· 35
　　2.8.2　対象読者 ··· 35
　　2.8.3　タイトル ··· 36
　　2.8.4　ページ数 ··· 36
　　2.8.5　目次（標題、概要） ··· 36

第3章　技術同人誌の計画 ··· 37

3.1　完成原稿 ··· 38

3.2　印刷 ··· 38
　　3.2.1　印刷の方法 ··· 39
　　3.2.2　印刷料金 ··· 39
　　3.2.3　テンプレート ··· 40
　　3.2.4　原稿データ ··· 42
　　3.2.5　入稿 ··· 42
　　3.2.6　印刷所選び ··· 43

3.3　頒布価格 ··· 44
　　3.3.1　価格設定 ··· 44
　　3.3.2　制作に掛かる経費 ··· 44

3.4　印刷部数 ··· 45
　　3.4.1　考慮すべき諸条件 ··· 45
　　3.4.2　イベント属性 ··· 45

3.5　在庫 ··· 46
　　3.5.1　在庫の流動 ··· 47

	3.5.2	ダメージ	48
3.6	コスト管理		48
	3.6.1	レシートの種類	48
	3.6.2	レシートの保管	48
	3.6.3	経費	49
3.7	原稿データ管理		49
3.8	執筆ツール		50
	3.8.1	下書き執筆ツール	50
	3.8.2	組版ソフト	51
	3.8.3	Adobe InDesign	51
	3.8.4	Microsoft Word	51
	3.8.5	Re:VIEW	52

第4章　技術同人誌づくりの体制 ……………………………………… 53

4.1	人的リソースの確保		53
	4.1.1	個人サークル	54
	4.1.2	チーム制サークル	54
4.2	サークル内での役割分担		55
	4.2.1	サークル主宰者	55
	4.2.2	執筆者	55
	4.2.3	売り子	56

第5章　技術同人誌づくりのスケジュール ……………………… 57

5.1	スケジュールを考える前に		58
	5.1.1	数値を持つ作業	58
	5.1.2	定性的な性質を持つ作業	59
	5.1.3	やりたい作業を選ぶ	59
	5.1.4	スキルを見せ合う	59
5.2	スケジュールを組み立てる際の工夫		60
	5.2.1	バッファーは全体で持つ	60
	5.2.2	バッファーは編集長の裁量で使う	60
	5.2.3	期待でスケジュールを作らない	60
5.3	スケジュールを作る		61
	5.3.1	ざっくりスケジュールを作る	61
5.4	マイルストーン		62
	5.4.1	作業日をカウントする	63
	5.4.2	やったことのない作業の見積もり方法	64
5.5	スケジュールと編集長		65
	5.5.1	進捗を管理しない	65
	5.5.2	お互いに期待を伝える	65

第6章　技術同人誌の装丁 …… 66

6.1 完成原稿 …… 66
- 6.1.1 表紙データ …… 68
- 6.1.2 本文データ …… 69
- 6.1.3 カバーデータ …… 73

6.2 本の構造 …… 74
- 6.2.1 とじ方向 …… 74
- 6.2.2 とじ方 …… 76

6.3 目次 …… 77
- 6.3.1 目次作成ツール …… 78
- 6.3.2 仮でも目次構成を決めてから始める …… 78

6.4 ページレイアウト …… 79
- 6.4.1 ページレイアウト用テンプレートを使用する …… 79
- 6.4.2 ページを割り振る …… 80
- 6.4.3 ページ数の調整 …… 80

6.5 表紙のデザイン …… 81

6.6 本文のデザイン …… 82
- 6.6.1 フォント …… 83
- 6.6.2 フォントの種類 …… 84

6.7 ページデザイン …… 85
- 6.7.1 版面（はんづら） …… 87
- 6.7.2 柱 …… 87
- 6.7.3 ノンブル …… 87
- 6.7.4 字間と字送り …… 87
- 6.7.5 行間と行送り …… 88

第7章　技術同人誌の執筆 …… 89

7.1 実力を知ることから始める …… 89

7.2 Sprint0（ゼロ）をする …… 90

7.3 雑に書く …… 91

7.4 実績を測る …… 92

7.5 執筆する時間を確保する …… 92
- 7.5.1 平日 …… 93
- 7.5.2 週末 …… 93
- 7.5.3 有給休暇 …… 93
- 7.5.4 執筆の開始時期を前倒しする …… 94

7.6 気をつけたい文章表現 …… 94
- 7.6.1 長い文章の例 …… 94
- 7.6.2 句読点の例 …… 94
- 7.6.3 『が』の使い方の例 …… 94
- 7.6.4 『することが出来る』の使い方 …… 95

7.7 レビュー …… 95
- 7.7.1 セルフレビュー …… 95
- 7.7.2 識者レビュー …… 96
- 7.7.3 完成原稿によるレビュー …… 96

第8章　技術同人誌のマーケティング ·················· 98

8.1　読者からファンを作る ····························· 98
　8.1.1　認知してもらえるように ························· 99
　8.1.2　対象セグメントを読み直す ······················ 99

8.2　ペルソナを育てる ······························· 99
　8.2.1　継続する ···································· 99
　8.2.2　リーチする ·································· 100

8.3　ソーシャルネットワークの選択 ··················· 101
　8.3.1　公式ブログ ·································· 101
　8.3.2　公式ツイッター ······························ 102
　8.3.3　bot ······································ 104
　8.3.4　Facebook ································· 106
　8.3.5　コミュニティ ······························· 106
　8.3.6　イベント主催者のサークル紹介ページ ·············· 106

8.4　当選通知 ··································· 110

8.5　お品書き ··································· 111

第9章　技術同人誌の入稿 ···························· 113

9.1　入稿で慌てないために ························· 113
　9.1.1　印刷部数の確定 ······························ 113

9.2　搬入 ······································ 114
　9.2.1　直接搬入と宅配搬入 ·························· 114
　9.2.2　自宅への配送 ······························· 115

9.3　本番入稿前に出力を確認したい場合 ················ 115
　9.3.1　サンプルを確認したい場合 ····················· 116

9.4　見積もり ··································· 117

9.5　予約 ······································ 117

9.6　注文 ······································ 120
　9.6.1　印刷仕様の指示 ······························ 120
　9.6.2　入稿データの確認 ····························· 123
　9.6.3　原稿データのアップロード ······················ 124

9.7　決済 ······································ 124

第10章　イベントの準備 ·· 126

10.1　サークル入場 ·· 127
- 10.1.1　入場時間帯 ·· 127
- 10.1.2　入場ゲート ·· 128

10.2　交通手段 ·· 128
- 10.2.1　公共交通機関による移動 ·· 129
- 10.2.2　車による移動 ·· 129
- 10.2.3　コミックマーケットでの駐車場の確保 ·· 129
- 10.2.4　技術書典での駐車場の確保 ·· 130
- 10.2.5　コミティアでの駐車場の確保 ·· 131

10.3　搬入 ·· 131
- 10.3.1　直接搬入 ·· 131
- 10.3.2　宅配搬入 ·· 131
- 10.3.3　ハンドキャリー ·· 132

10.4　支払い手段 ·· 133
- 10.4.1　釣銭 ·· 133
- 10.4.2　盗難対策 ·· 133
- 10.4.3　QRコード決済 ·· 134

10.5　携行品 ·· 135
- 10.5.1　サークルチケット ·· 136
- 10.5.2　テーブルクロス ·· 136
- 10.5.3　頒布物 ·· 138
- 10.5.4　見本誌票 ·· 138
- 10.5.5　お品書き ·· 139
- 10.5.6　POPスタンド ·· 139
- 10.5.7　ポスタースタンド ·· 140
- 10.5.8　頒布記録表 ·· 141
- 10.5.9　夏イベント ·· 143
- 10.5.10　冬イベント ·· 143

10.6　頒布目標の設定 ·· 143

10.7　体調管理 ·· 144

第11章　イベント当日 ·· 145

11.1　食料の調達 ·· 146

11.2　設営備品の運搬 ·· 147

11.3　設営 ·· 149
- 11.3.1　テーブルクロス ·· 150
- 11.3.2　搬入数の確認 ·· 150
- 11.3.3　頒布予定数の確認 ·· 151
- 11.3.4　見本誌の提出 ·· 151
- 11.3.5　取り置き ·· 151
- 11.3.6　正味頒布予定数の確認 ·· 152
- 11.3.7　テーブルレイアウト ·· 152
- 11.3.8　頒布物の配置 ·· 152
- 11.3.9　POPスタンドとポスタースタンド ·· 153

11.4　貴重品の管理 ·· 154
- 11.4.1　釣銭皿と釣銭 ·· 154
- 11.4.2　電子機器の管理 ·· 154

11.5 頒布（一般入場の開始） ……………………………………………………… 155
　　11.5.1 頒布時の部数確認 ……………………………………………………… 155
　　11.5.2 現金の確認 ……………………………………………………………… 155
　　11.5.3 釣銭と本を渡す ……………………………………………………… 155
　　11.5.4 預かり金の収納 ……………………………………………………… 156
　　11.5.5 頒布の記録 ……………………………………………………………… 156
　　11.5.6 トイレ休憩 ……………………………………………………………… 156

11.6 撤収（イベントの終了） ……………………………………………………… 156
　　11.6.1 現金の収納 ……………………………………………………………… 157
　　11.6.2 頒布物の収納 ……………………………………………………… 157
　　11.6.3 設営物の収納 ……………………………………………………… 157
　　11.6.4 ゴミの分別と廃棄 ……………………………………………………… 157

第12章　イベント終了後 ……………………………………………………………… 158

12.1 頒布実績の確定 ………………………………………………………………… 158

12.2 決算 ………………………………………………………………………………… 159
　　12.2.1 現金の収入 ……………………………………………………………… 159
　　12.2.2 QRコード決済の収入 ………………………………………………… 159
　　12.2.3 経費の計算 ……………………………………………………………… 159

12.3 在庫の確認 ……………………………………………………………………… 160

12.4 頒布記録表 ……………………………………………………………………… 160

12.5 次回の申し込み ………………………………………………………………… 160

12.6 打ち上げ ………………………………………………………………………… 160

12.7 確定申告 ………………………………………………………………………… 161

後書き ………………………………………………………………………………………… 163

はじめに

技術同人誌を出そう

　本書では、技術同人誌の企画からイベント参加後までのひと通りの流れを掴み、どのように進めればいいかを解説しています。

　あなたが技術同人誌を書こうと思ったのはなぜでしょうか。あなたが持っている技術を誰か他のエンジニアに伝えたい、技術同人誌の即売会イベントに一般参加[1]して自分も作ってみたいと感じたから、などの実現したい目的を持っているからでしょう。

　あなたがエンジニア、もしくはエンジニアと一緒に仕事をしているのであれば、技術同人誌を制作すること自体がプロジェクトの要素を持っていることや、日常的に使用している手法やツールを利活用できることに自然と気づくでしょう。

　日常的な仕事と技術同人誌の制作での大きく違う点があります。それは仕事を分業しているか、全ての作業をあなたやあなたと共に活動するチームで終わらせるかです。サービス開発やシステム開発では、事業の企画やマネージメント、マーケティング、コンテンツ制作、品質検査、リリースおよびフォローアップに多くの人が関わることで遂行しています。仕事と技術同人誌の制作の規模とは比べ物になりませんが、技術同人誌の制作も必要な工程はひと通り行うという点では同じです。

　このように書くと、技術同人誌を作るためは、多くの学習をする必要があるかと心配するかもしれません。でも、心配はいりません。あなたが日常的な仕事では担当していなくても、それらを断片的に見聞きしていたり、資料で読んでいたり、ネットで知っているはずです。

　本書では、そうした断片的に知っていることを繋ぎ、足らないところは足しながら進められるように構成しています。

　さあ、技術同人誌を制作する活動を始めましょう。

あなたが技術同人誌を書く3つの理由

　あなたには、本書を手に取った時点で、技術同人誌を執筆する理由が3点あります。ひとつ目は、様々な手法やツールを実践する機会を自分で作ることができる点です。ふたつ目は、経験した実践知を形式知に変え、自分のプラクティスとして残す機会を作れること。最後は、あなたの知見は他のエンジニアの宝物にできることです。

　この3つの理由だけで、あなたが技術同人誌を書くには十分な理由になるでしょう。

　まだ、技術同人誌を書くことを躊躇っているのであれば、もう少しだけ読み進めてください。

様々な手法を実践する機会

　あなたは、これまでのエンジニアとしてのキャリアの中で、多くの技術書を読んできたことと思います。そこで思い出してください。実際に『実務で使ってみた手法やツール』がいくつあったかを。

---

1. 技術同人誌の即売会のイベントで、イベントスタッフやサークル参加（作り手）ではない一般の参加者として参加すること。

技術書は読んでみたけれど、実務では読んで知った方法論や手法、ツールを実際に使う機会は一度もなかった、という経験を持つエンジニアが多いのではないでしょうか。

技術同人誌の制作の一部である『企画』を始めるだけで、すでにいくつかの手法やツールの利用を実践できます。昨日のままでは何時になっても使われることがなかった手法やツールが、技術同人誌の制作を始めようと決めるだけで、これまでとは違う世界観に一変するのです。

書籍から得た知識を使われないままにする……そんなことはさせません。手法もツールも使う道具です。技術同人誌の制作を始める！と決めるべき理由は、ここにあります。先延ばしする理由は、ありません。

実践知を形式知に変える機会

技術同人誌を書き始めることで、自らが実務で体験してきた多くの実践知を、自分の言葉で形式知に変換する機会を創出することができます。

経験は後天的に学習し、実践知としての基礎的なスキルや、技術を適用する際に使われる技術スキルとして、あなたを形作っていきます。実践知を言語で表現し直すことは、自分が置かれた状況下でどう意思決定しているか、その振る舞いへの理解をサポートするでしょう。

技術同人誌の制作は、経験してきた実践知を形式知に変換するという機会を介して、あなた自身の形式知の体系的な整理に役立ちます。それだけでなく、言語化されたあなたのプラクティスは、共に活動するチームのエンジニアや同じ技術クラスタに伝わることで、さらに深い知見を得る手段になるでしょう。

あなたがエンジニアとしてどのような実践知を得てきたか、見識を体系立てて形式知として残す理由はここにあります。実践知のまま温めておく理由は、どこにもありません。

あなたの知見は他のエンジニアの宝物

あなたは本書を読み、これまで多くの書籍で蓄えてきた知識を使う理由と、経験を知見として残す理由があります。

これまでエンジニアとして積み重ねてきたキャリアで得たノウハウは、あなたが思っているよりも、他のエンジニアにとっては価値のある宝物です。

あなたの知見は、あなたには宝物であることに気づかせてくれません。なぜでしょう。それはとても単純なことです。自分の知っている技術的な知見や実際にやり遂げるアプローチは、後天的に学習して身につけています。それは自分にとっては、できて当然の当たり前な能力として捉えているからです。

でも、あなたと一緒に働くチームのエンジニアが自分よりツールを便利に使う使い方を知っていたり、ツールをサポートしてくれるエンジニアが知らない使い方を見せてくれると、とても勉強になると感じるでしょう。

それは、あなたが他のエンジニアの知見にコンタクトすることで、知的好奇心を擽られたからです。同じことを技術同人誌を媒介として実現しましょう。

知見について自分で評価するだけでなく、それに関心を持つ世の中のエンジニアが受け止めることで、その価値を享受してもらうことができます。

あなたには、技術同人誌を書く理由があります。

あなたの技術同人誌を読む楽しみが、多くのエンジニアに対して提供されることを待っています。

テンプレートについて

本書で使用している各種テンプレートは、githubで公開しています。テンプレートは、予告なく変更されることがあります。

・https://github.com/inayamafumitaka/pro-ori-templates

免責事項

本書に記載された内容は、情報の提供のみを目的としています。したがって、本書を用いた開発、製作、運用は、必ずご自身の責任と判断によって行ってください。これらの情報による開発、製作、運用の結果について、著者はいかなる責任も負いません。

表記関係について

本書に記載されている会社名、製品名などは、一般に各社の登録商標または商標、商品名です。会社名、製品名については、本文中では©、®、™マークなどは表示していません。

底本について

本書籍は、技術系同人誌即売会「技術書典5」で頒布されたものを底本としています。

第1章　技術同人誌の執筆を始める前に

この章では、技術同人誌を書き始める前に予め知っておきたい点、例を挙げると、
・執筆者自身のこと
・対象とする読者のこと
・本書で出来ることおよび出来ないこと、
・技術同人誌を執筆するための活動全体の把握
・執筆を乗り切るために知っておきたいフレームワーク
・外部から制限される制約事項
といった事項ついてお話しします。

1.1　エンジニアの知見を形に

普段からものづくりに関わるエンジニアは、自身だけが知っている実践知を数多く有しています。
エンジニアが持っている実践知は、一人ひとりが経験してきた役割や身に付けてきた技術および技術レベルに、何一つとして同じものはありません。

これらの経験は、それを言語や図表などに汎化することで、他のエンジニアにも共通して適用できる技術的なノウハウやティップスとして、伝えやすさを備えるようになります。

エンジニアは、日常的に集めた情報から類似する性質を持つデータを塊で捉えます。そこからパターンを抽出し、アウトプットを繰り返し行う活動を行なっています。エンジニアの日常的な活動には、『情報を抽象化して伝える』という、技術同人誌を制作する活動に取り組むために必要なノウハウも含まれているのです。

技術同人誌を制作する際に適用する手法やツールに対する知識には、次のものがあります。
・システム開発や維持管理でのプロジェクトマネージメント
・成果物を作成するためのウォーターフォールやアジャイル開発のシステム開発手法
・その開発を効率的に生産性を向上するために導入する生産性向上ツール
・確実にアウトプットすることをメンタル面から支えるマインドセット
エンジニアは、これらの4つの知識それぞれについて、何かしら知見を有しています。

技術同人誌を制作する活動を介して得られる、出来たと感じられる体験やノウハウは、知的好奇心を擽ぐる属性を持っています。エンジニアは、このような知的好奇心から得られる楽しみ方を経験的に知っています。

1.2　本書の対象読者

本書は、技術同人誌を書きたい方、技術同人誌を書いてみたい方を対象としています。本書に出

てくる用語には、IT業界で使用されるキーワードを用います。IT業界の用語については、特段の用語説明はありません。

　もしわからない用語があっても、読み飛ばして文脈が理解できればそのままでも問題ありません。でも、ネットで検索するちょっとした手間で、用語を検索すると知識を得る習慣づくりに役立ちます。

　紙媒体による頒布の制作進行を扱うことから、普段、接することがあまりない印刷に関する用語も含まれます。この用語のうち、特に同人誌即売会などで使用されるキーワードや印刷関連で使用するキーワードについては、注釈も参照してください。

1.3　この本で出来ること

　本書は、商業誌での執筆や技術書典等の同人誌頒布イベントで体験したノウハウを、体系的に整理しています。これは、技術同人誌の制作進行の全体を把握出来るようになることを目的としているためです。

　技術同人誌を制作するために、必要とする体系を把握出来るようになると、次に何をすれば良いか先が見えるようになります。先が見えれば、次の活動をどのように進めようか考える時間を確保することを、考えられるようになります。

　先を考えるということは、これから起きるだろうことの心積もりをするということです。これが習慣になると、思い掛けない出来事にも対応出来るようになります。

　制作工程の全体を俯瞰する視点を持てるようになると、状況を把握することの重要性もその価値も理解出来るようになります。

　なによりも、計画した成果を得るための活動を完了させることの価値を、身を持って経験することが出来ます。

1.4　この本で出来ないこと

　本書の目的は、技術同人誌の制作進行の把握であることから、制作進行上で利用する様々なツールの使用方法については解説しません。手法やツールを解説した専門書やそれを扱う技術同人誌もしくは公開されている技術ブログ、スライドなどを参考にしてください。

　本書では、一通り技術同人誌の制作進行を把握し、進行できるようになることを目的としています。技術同人誌を執筆し、世に出すには執筆するエンジニア自身です。

　ですから、執筆するエンジニアの支えとなることを願いつつも、実際に世に出るかどうかは、執筆者自身の活動に委ねられていることを忘れないでください。

　技術同人誌の制作技術を理解するだけでは、技術同人誌を上梓することはできません。入稿の締め切りまでに執筆の区切りを付け、執筆を終わらせてください。

1.5　活動全体を把握しよう

　このセクションでは、技術同人誌を制作するために取り組む活動全体を把握します。全体の把握では、技術同人誌の活動を1枚にまとめたプロジェクト思考キャンバスの様式を使いながら進めます。

図1.1: プロジェクト思考キャンバス

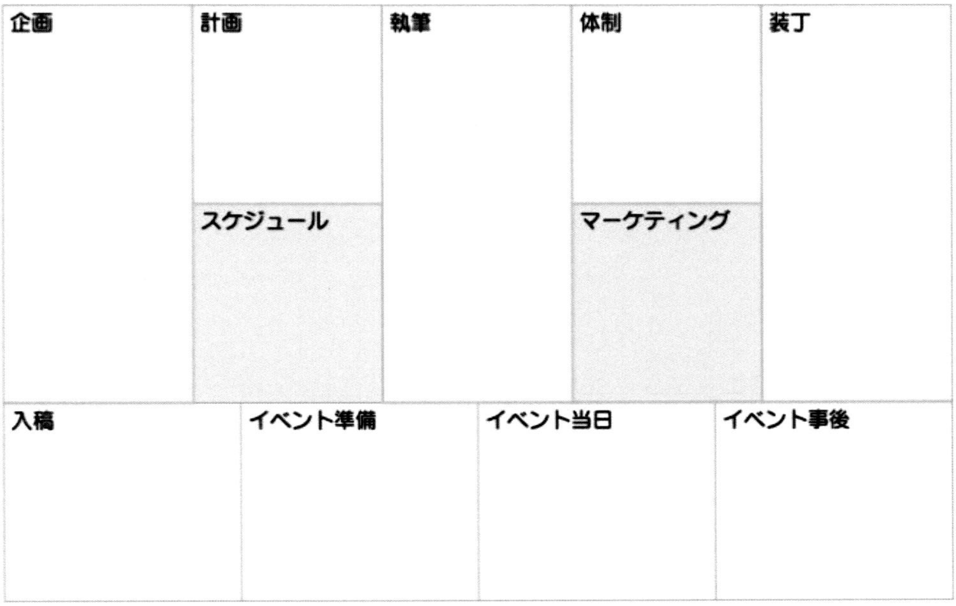

企画	計画	執筆	体制	装丁
	スケジュール		マーケティング	
入稿	イベント準備	イベント当日	イベント事後	

　プロジェクト思考キャンバスの良い点は、1枚のシートで技術同人誌の制作の活動を一瞥で把握出来ることです。フリクションペンを使うと、思いついたことを即座に書き込めるため、自分でどこまで何を考えていたかを可視化することができます。

　技術同人誌の制作工程は、フローチャートとしても表現することも可能ですが、それぞれの活動を進めていくと相互に関連するアクティビティーもあります。そのため線で表現すると複雑になり、見辛くなります。その点で、プロジェクト思考キャンバスは、活動を関連づける線がないためシンプルです。

1.5.1　活動概要

　技術同人誌を製作するための主な活動を、次の表に示します。活動は、企画からイベント事後までの11の活動で構成します。イベント事後の活動では、イベント参加で収集した頒布データを分析することで、次の印刷数量へのフィードバックやマーケティングの観点でのフォローアップに繋げます。

表 1.1: 技術同人誌の活動概要

	活動	内容
1	企画	技術同人誌の活動全体の目的や活動中の意思決定の拠りどころとなる、判断基準や技術同人誌に求める納期・品質・コストの考え方を整理します。企画の段階で参加するイベントを決め、手続きを行います。
2	方針	活動全体のアクティビティーに、共通する方向性を定めます。迷ったとき、ここに立ち戻ります。
3	体制	技術同人誌の企画から、イベント事後までの体制を決めます。体制は、通常1人か複数名で活動するチーム制の何れかになります。同人活動に携わる活動団体をサークルと言います。1人のサークルは、個人サークルと呼びます。
4	スケジュール	企画の開始からイベント事後までの、技術同人誌の制作を進行するための計画です。
5	装丁	技術同人誌の構成、ページの割り当て、表紙、本文のデザイン全てを検討し、デザインを決定します。
6	執筆	技術同人誌の原稿を書く工程です。最初の段階で執筆量を測定し、原稿の完成予定日とバッファの日数を見通します。
7	マーケティング	技術同人誌を頒布するための、チャネルの創出と広報を行います。
8	入稿	印刷所の案内に従い、印刷仕様の指図と入稿データをアップロードします。
9	イベント準備	交通手段、サークル入場時間帯、参加諸条件、釣銭管理、頒布物配送、設営、携行品など、当日使用する物を準備します。
10	イベント当日	イベント当日の食事、設営備品の運搬、設営、見本誌提出、頒布可能数確認、貴重品管理、頒布、撤収など、イベント当日のアクティビティーを実行します。
11	イベント事後	イベント終了後に頒布実績確定、決算、次回申し込み、イベント終了後の打ち上げを行います。

　制作活動の各作業は、順番に進めた方が良いものと、イベントドリブンで進めても良い活動があります。活動を順番に行うかイベントドリブンで進めるかは、本書を参考にサークル主宰者自身の価値観から、テーラリングを図って決定してください。

1.5.2　活動の特性

　技術同人誌の制作活動には、プロジェクトの性質があります。技術同人誌を制作活動は、プロジェクトの用語定義で示されている、『有期限性の性質を持ち、実現しなければならない業務目的が明確な活動』だからです。

　技術同人誌の制作活動は、頒布したい技術同人誌を制作する活動を通じて、イベント開催日の期日までに制作活動を終了させます。活動の終了には、技術同人誌のイベントでの頒布の有無は必須条件にはなりません。なぜなら、イベントへのサークル参加は、イベント主催者による抽選で決まる、外部から制約される条件だからです。

　この活動では、ふたつの手法を組み合わせて使用します。執筆の企画からイベント参加までの全体計画は、システム開発手法のウォーターフォールを部分的に適用すると良いでしょう。

　ウォーターフォールのエッセンスを適用するのは、スケジュールにマイルストーンを設定し、活動の枠（アクティビティーの括り）を当てはめていくところです。

　全体計画にマイルストーンを設定するのは、イベント主催者の指定するマイルストーンとなる期日

が固定で指定されるからです。システム開発のプロジェクトと同じように、執筆活動を行う上でサークル主宰者の都合で変更することができない、外部から制約を受けるマイルストーンは重要です。

一方、技術同人誌の表紙や本文のデザインや執筆など、コンテンツ作りに関わる活動は、仕様を活動主体であるサークルで決定出来ます。デザインや執筆する本文は、実際にアウトプットしてからでないと、伝えたいコンテンツとして表現できているかを確かめられないと言う特性を持っています。このことから、アジャイル開発の手法を適用すると進行がフィットしやすいです。

活動全体としての成果物を書籍として捉えた場合、成果物に当たる技術同人誌というスコープは変えられません。執筆するコンテンツの内容や記述の品質より、外部から制約を受けるマイルストーンの方が優先順位が高いです。

これらのことからも、ウォーターフォールとアジャイル開発のふたつの手法の良いところを組み合わせて適用します。

1.6 プロジェクトマネジメント・フレームワークを活用する

プロジェクトマネジメント・フレームワーク[1]とは、プロジェクトを遂行する上で必要となる様々な手法や、マネージメントシステムをその特性から4つに分類して整理した知識のフレームワークです。

プロジェクトマネジメント・フレームワークは、次の4つの層で構成します。

・マインドセット層
・ツール＆テクニック層
・システム開発手法層
・プロジェクトマネージメント層

次の表に、技術同人誌の制作活動をプロジェクトマネジメント・フレームワークに当てはめた場合のイメージを示します。

表1.2: プロジェクトマネジメント・フレームワーク

	層名称	内容	例
1	マインドセット層	技術同人誌の制作活動に従事するサークルメンバーのマインドを有りたい状態に維持するための取り組みです。	書いたらネコをもふもふして心を保つ、甘いフルーツパフェを食べに行く。
2	ツール＆テクニック層	制作活動の生産性向上に寄与する支援ツールを導入し、効率と品質を確保する取り組みです。	just right!を使用し、文書校正を自動化する。Gitで分散執筆を実現する。
3	システム開発手法層	制作活動に適したスケジュールや執筆活動の特性に合わせて、それらの実現可能性を確実にする作業プロセスデザインの骨格となる手法です。。	ウォーターフォールとカンバンを併用する。
4	プロジェクトマネージメント層	プロジェクトとしての制作活動の計画を立案し、マイルストーンから乖離しないように進行をコントロールします。	PMBOKを参考にプロジェクトをマネージメントする。

---

1. 引用 稲山文孝 『アプリ開発チームのためのプロジェクトマネージメント』（マイナビ出版 2015）

このプロジェクトマネジメント・フレームワークの各層を理解し、それぞれのレイヤーの手法やツールを活用することで、技術同人誌の制作活動から期待する結果を得られるように、プロジェクトのリスクをコントロールします。

1.7 制約事項

制約条件とは、技術同人誌を制作するにあたり、第三者から指定され、制作の活動主体であるサークルにより変えることが出来ない事項です。

制約条件には、次のようなものがあります。

・イベント抽選での当落
・各種の手続きの期日
・入稿の締め切り
・イベント期日

1.7.1 サークルの当落

技術同人誌をコミックマーケットや技術書典などの同人イベントで頒布するためには、指示された手続きを所定日までに、ターゲットとする同人誌頒布イベントに申し込む必要があります。その上で、イベント主催者による抽選で当選しなければ頒布することは出来ません。

図 1.2: コミックマーケット配置結果

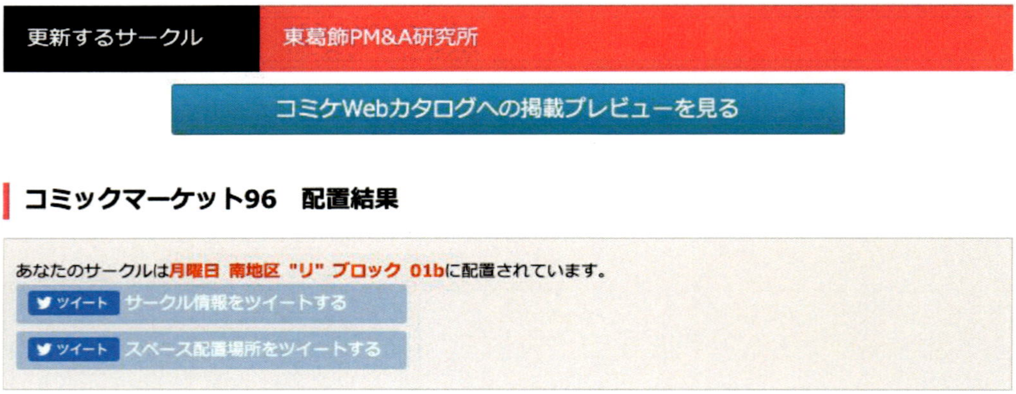

イベントにより、サークル参加の当落は通知を持って当選[2]とする場合と、当選通知後の手続き[3]により当選が確定するケースがあります。申し込むイベントの案内をよく読み、指定された期限までに手続きを行うようにします。

---

2. 引用　コミックマーケット準備会　コミックマーケット 94「サークル情報更新画面」　https://succession.circle.ms/
3. 引用　TechBooster / 達人出版会　技術書典 5　技術書典運営事務局「技術書典 6 の当落について」

図1.3: イベントの当落メール

技術書典 事務局です。

この度は技術書典6へのサークル参加申し込み、誠にありがとうございました。

技術書典では当落発表後、入金を持って参加確定とさせていただいております。
メールでの「当選／落選」表記は行っておりません。あらかじめご理解、ご了承ください。

備考欄に電源や特別の要望を書いて頂いてるサークルがございます。
今回は会場の都合上、電源の準備はございません。なにとぞご理解ください。
またサークル入場用チケットの追加付与につきましては頒布数等を参考に対応いたしますので
必ずしもご要望の枚数をご用意できるものではないことをご了承ください。

◎貴サークル「東葛飾PM&A研究所」の当落についてはWebサイトで掲載を開始しております。以下のリンクよりご確認ください。

* https://techbookfest.org/mypage

　サークル当選の手続きを確実にするために、サークル参加を検討するイベントのサイトで情報を収集し、イベントのルールに沿った手続きを行えるようにします。イベント主催者は公式ツイッターや公式ページで周知しますので、アカウントのフォローやイベント手続きのスケジュールを押さえます。

表1.3: イベント別公式アカウント

	イベント名称	イベント主催者	公式ツイッター	公式サイト
1	コミックマーケット	コミックマーケット準備会	@comiketofficial	comiket.co.jp
2	技術書典	TechBooster/達人出版会	@TechBooster	techbooster.org

　なお、技術同人誌を電子書籍の形式のみで、電子書籍を頒布できる電子出版プラットフォーム（KDP(Kindle Direct Publishing)やpixivのbooth など）で提供する場合は、この制約は受けません。

1.7.2　入稿日

　印刷所では、イベントに合わせて原稿の入稿締め切り日を設定してます。この日程も、サークル側では変更できません。サークル側で出来ることは、割り増しがない締め切りに入稿するか、割り増しの料金を支払っても入稿日をギリギリまで伸ばすかの判断です。

第1章　技術同人誌の執筆を始める前に　　19

第2章　技術同人誌の構想と企画

　この章では、技術同人誌を制作するための基礎知識と、技術同人誌を構想立案する企画について説明します。
　技術同人誌を制作するための基礎知識については、次の項目を解説します。
・本のコンセプト作りの方法
・サークル活動の基準となる方針
・技術同人誌の執筆での役割
・サークルにフィットするイベントの選び方
・本のコンセプト作りで使えるツール
　技術同人誌の制作で必要になる基礎知識は、あくまでも技術同人誌を制作するための基礎な情報です。実際に技術同人誌を制作するためには、企画で様々な手法を活用し、技術同人誌のイメージアップをする必要があります。技術同人誌として何を執筆するかを考えるだけであれば、技術同人誌の企画から読み始めても問題ありません。

図 2.1: 企画

2.1 コンセプト作り

コンセプト作りは、技術同人誌のコンセプトを言葉や図を用いて表現することを目的とします。これから制作する作品が備えている性質、中でも特徴のある性質は何かを明らかにします。技術同人誌が備えていなければならない性質を、キーワードや図で表現することを目標にしてください。

企画の活動を始めると、技術同人誌のコンテンツのディテールが次第にアップして、細かな整合性が気になってしまうかもしれません。それでも、この章では作品のディテールには手を出しません。我慢してください。この活動でしておかなければならないことは、技術同人誌の執筆内容に迷いが生じたときに、立ち戻って判断できるベースラインを作っておくことです。

2.1.1 イベントとコンセプト

参加したい技術同人誌を扱う即売会イベントに、コミックマーケットと技術書典の2大イベントがあります。このふたつの即売会は、会場の規模の違いばかりではなく、技術同人誌を手に入れようと参加する一般参加者に対する、技術同人誌を手に入れたい参加者の割合にも違いがあります。頒布会の特徴を知り、どのイベントを選択するか、コンテンツをどのような切り口にするか特徴づけを検討します。

コミックマーケットは、3日間の開催で35,000サークル（1日あたり16,666サークル）[1]参加する中から、自分のサークルに興味を持ってもらう必要があります。技術書典では、サークル参加数は463サークル[2]ですが、全て技術書を扱う競合のサークルの中から、自分のサークルに興味を持ってもらう必要があります。

技術書典は、全てのサークルが技術書を扱う技術書オンリーイベントです。このオンリーイベントは、技術書を共通のテーマとして同人誌を制作するサークルが1日に、1箇所に集まり、知と経済の集積効果を作り出しています。オンリーイベントだからこその特徴であると捉えることもできます。

サークルとして、参加を検討するイベントの特徴を理解した上で、どの頒布会に参加するか、参加したい頒布会の特性にどのような性質を備えているかを踏まえて、技術同人誌のコンセプトを形作ります。

2.1.1.1 コミックマーケット

インターネット上のソーシャルネットワークなどで、しばしば取り上げられる機会の多いコミックマーケットは、C95（2018年冬）の開催では3日開催で57万人の参加者と公表[3]されています。

コミックマーケットでは、後述するジャンルコードにより、3日間の何日目に配置されるかが決まります。コミックマーケットは、数日に渡って開催される複数のジャンルを扱うイベントです。開催日ごとに、複数のジャンルを組み合わせて配置されるため、配置日によって一般参加者がお目当に来場するジャンルも変わります。

コミックマーケットは、桁外れの一般参加者が集う即売会イベントです。コミックマーケットに

---

1. 参考　コミックマーケット準備会　コミックマーケット９５アフターレポート　https://www.comiket.co.jp/info-a/C95/C95AfterReport.html
2. 参考　TechBooster / 達人出版会　技術書典6サークル参加アンケート結果と分析　https://blog.techbookfest.org/2019/06/03/tbf06-report/
3. 参考　コミックマーケット準備会　コミックマーケット９５アフターレポート　https://www.comiket.co.jp/info-a/C95/C95AfterReport.html

足を運ぶ一般参加者は、それぞれが懇意にしているサークルや作家を目指します。一般参加者は桁外れの規模ですが、数万のサークルの中で、自分のサークルスペースも回遊ルートに入れてもらう必要があります。

2.1.1.2　技術書典

技術書典は、技術書同人誌だけを扱うオンリーイベントです。頒布する同人誌のジャンルは技術書かそれに関連するコンテンツのみです。

技術書に特化したオンリーイベントのため、旬の技術テーマを取り扱うことを考えている場合、他のサークルと競合し易い環境にあることを想定しておく必要があります。

競合することを想定して、読んで欲しい想定読者のエンジニアに刺さるキーワードや、コンセプトを設定する必要があります。

2.2　イベントへの申し込み

企画の段階でイベントに申し込みをするのは、ふたつの理由があります。ひとつは参加候補となるイベントで、これから作成する技術同人誌のコンセプトが影響を受ける可能性があるためです。ふたつ目は、イベント申し込みから当日までの期間の問題です。

2.2.1　イベント申し込みからの期間

イベント申し込みからイベント当日までの手続きは、次の順で進めます。
・参加するイベントの決定
・参加申し込み
・当落結果通知
・イベント参加

イベントの当落結果通知からイベント当日までは、コミックマーケットと技術書典の両イベントとも、2ヶ月程度の期間が設けられています。

技術同人誌を印刷所で製本する場合は、2ヶ月の期間のうちイベント開催前の2-3週間が印刷のためのリードタイムになります。そのため、当落結果通知からイベント当日までの2ヶ月から、印刷工程の期間を除かなければならないため、執筆に充てられる期間は短くなります。印刷所により、直前まで印刷を受付するサービスも用意されているケースもありますが、割増料金が発生するため考慮から外しています。

技術同人誌を制作する活動のなかで、長期間を割り当てたい活動は執筆作業です。執筆時間の確保は、技術同人誌の執筆するコンテンツや文章の品質に影響を強く与えることから、作業時間のリソースの確保は外せません。このような条件で、技術同人誌を制作する活動の確実性を積み増すために、企画段階で参加するイベントを候補から選択し、申し込み手続きを行います。

2.3　活動方針

技術同人誌を制作する活動の全般において、活動の軸となる価値観を決めておきます。技術同人

誌の制作の進行上、複数の選択肢から意思決定を行わなければならないとき、判断をスムースにできるからです。

活動方針には、技術同人誌を制作する活動にわたって、活動行為に対する一貫した意思決定をもたらす効果があります。

執筆や想定する読者へのアプローチの詳細化を進めていくと、執筆の積み重ねの中で小さな歪みを招き、次第に元々のコンセプトからずれてしまうこともあります。活動方針は、そうしたずれを方針に照らして、細部を軌道修正していくか、許容範囲として進めるか、活動の方向を示す役割を果たします。

表2.1: 活動方針

	活動方針	内容（記入例）
1	判断基準	エンジニアの技術同人誌の制作で手助けとなる。 この技術同人誌により、何を実現するか（技術的なノウハウやティップスを伝えるなど）、活動が完了したときに実現できていることを記述します。
2	納期	通常入稿を優先する。 期日の考え方を記述します。納期のプライオリティを他の活動方針より高くすると、納期に合わせてコンテンツを絞り込んだり、記述レベルを納期に合わせたり（記述の解像度を下げる・絞り込む）、印刷を止めて電子配布に限定するなど、他の活動方針に影響を与えます。
3	品質	判断基準を満たす品質を備えている。 技術同人誌が備えているコンテンツを記述します。品質の優先順位が高いと、コストは二の次の料金プランの選択肢から選べたり、印刷を止めることで納期を伸ばし、電子媒体のみの頒布を選択するなどの影響があります。
4	コスト	印刷部数を保守的に見積もる。 コストは、活動全体の執筆者の人件費を除くと、印刷費のコストがかなりの部分を占めます。印刷した部数全てが頒布できればキャッシュフローはよくなりますが、在庫が残るとコストは回収できなくなります。

活動方針は、執筆中の連続する作業の中で迷ったときに、予め決めておく神様のようなものです。執筆中にこのまま進めて良いかどうかとか、書いている最中にコンセプトに疑問を感じたとき、活動方針があることで、本来提供しようと始めたことができているか、神様に問いかけることができるようになります。

この神様である活動方針は、変えていっても構いません。活動方針に基づく経験は、価値観を育てます。自分で古い価値観に縛られることをしてはいけません。

2.3.1　判断基準を決める

活動方針を決めたら、判断基準を設定します。取り扱う技術の認知度を上げたい、活動の収支は赤字にしない、息の長いコンテンツを扱いたい、デスマはやらない、仕事じゃないのだから真剣にやる、などです。ざっくりとした、定性的な表現で構いませんから、言語で書き残しておきます。

図2.2: トレードオフスライダー

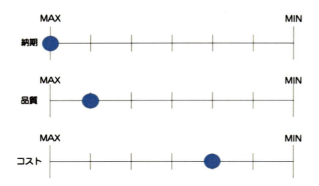

判断基準に、トレードオフスライダーを使用するのも一案です。大切なことは、言語化する作業を介して、活動の最初に思いを残すことです。

2.3.2 納期

技術同人誌の制作活動は『イベントに参加する』ことで、いくつかのマイルストーンとなる納期が設定されます。イベント主催者から周知されるイベント申し込み期限、サークル参加費の支払期限、印刷所が指定する入稿期限など、外部から制限を受ける制約条件、原稿の完了日、レビューの期限、完成原稿の目標日など自分のサークルで設定する前提条件の2種類を意識して、活動の中でマイルストーンと上手に付き合えるようにします。

表2.2: 制約条件と前提条件

	種類	内容
1	制約条件	外部から示される条件に準じなければ、活動の障害となる条件です。期日、締め切り時間は、必ず遵守します。イベント申し込み、サークル参加費の支払、サークル配置（当選）、入稿日などがあります。
2	前提条件	自らの活動を遂行するために整っていなければ、進捗上の障害となる条件です。制約条件の対応に関連するため、予め計画しておけば、調整しやすいです。活動資金の手当、レビューの完了、完成原稿の完了、イベント当日の参加メンバーの手配、などがあります。

2.3.3 品質

技術同人誌の制作方針としての、品質を設定します。品質は、技術同人誌が備えていなければならない性質を明確に示すことで、作業の成果を客観的に完了として良いかを判断する基準となります。

品質には、作業品質と成果物の品質の2種類があります。

作業品質は、制作プロセス上の様々なアクティビティーにおいて、手戻りや次工程に作業を付け回すことがないように、自工程内で作業を完結することを目的とします。マイルストーンまでの段

取りや完成原稿を入稿するまでのレビュープロセスなどのアクティビティーにより、成果物の品質を確保します。

成果物の品質は、制作する成果物が保持していなければならない性質です。この性質は、作業品質により確保されます。成果物の品質のプライオリティーをコストより高くすると、納期内で品質を確保するために最大の施策が取られることになります。

技術同人誌の制作の活動では、イベントでの頒布が最優先事項です。納期、品質、コストのトライアングルでは、納期が最優先となります。品質とコストのどちらを優先するかの方針決めにより、技術同人誌の制作に掛かるコストの振れ方が大きく変わることになります。

2.3.4 コスト

技術同人誌を制作するには、活動全般に掛かる費用の予算化と資金の手当と実績のコントロールが必要です。特に、経費が予算をオーバーランしないようにコントロールします。どこまで技術同人誌を制作するためにコストを投下するかの判断基準を設けます。

技術同人誌の制作は、技術同人誌で取り扱うコンテンツに関わらず、制作に掛かる共通のコストと、取り扱う技術コンテンツに依存するコストのふたつに分けられます。

前者は、執筆するためのOA基盤となるソフトウェア、PCおよびコンテンツを管理するクラウドストレージなどのクラウドサービスがあります。後者は、取り扱う技術コンテンツの検証環境、参考資料などがあります。

どのようなコストであっても、計画した予算内で完了するように、コストをコントロールしてください。コストオーバーランの状態になってしまうと、制作活動を中止する、取り扱うコンテンツのピボットかスコープの縮小を検討する、または追加予算を引き当てて執行するなどの意思決定を判断しなければならなくなります。

2.4 役割

技術同人誌の制作の活動では、いくつかの作業を並行させて進行させます。並行する作業には、コンセプトを考える企画業、技術同人誌の情報を読者へ届けるマーケティング担当、書籍の装丁を担うデザイナーなどの役割があります。技術同人誌の制作進行の全てをコントロールするプロジェクトのリード役も必要となります。

技術同人誌を執筆するフェーズでは、メイン作業の執筆、読者にリーチするマーケティング、制作活動の全体の進行と、3つの役割を必要とします。さらに執筆の作業では、コンテンツを統合的に調整する編集長、原稿を書く編集者、原稿を評価するレビューアの役割も必要です。

これらの役割を個人サークルで制作する場合は、1人が複数の役を担わなければなりません。一人ですから、複数の役割の分担の必要性はありません。しかし、リソースはひとつのため、作業はシーケンスに処理することから、作業スケジュール上のクリティカルパスになります。

複数のメンバーのチーム制で進行する場合は、メンバーの得意な作業を分担することができるようになります。チームで制作するメリットの1つです。役割を複数のメンバーで進める場合、作業に専門性を活かすことが可能となるため、作業を並行して進行させることができるようになります。

これにより、タイトなスケジュールに並行作業を導入することができるようになるため、スケジュールに柔軟性を持たせられます。

その一方、分担したメンバーの数だけ、並行して作業を進めることになることから、パラレルに進んでいる作業の進捗の情報を必要とします。タイミングをみて、執筆するメンバーにポーリングを仕掛けます。メンバーの実績に応じて執筆陣のコントロールを行います。

表2.3: 執筆での役割

	役割名	枠割
1	編集長	制作する書籍全体の構成をデザインします。原稿を分担する場合は、分担する執筆者への指示と出来上がった原稿内容をチェックします。
2	編集者	全てもしくは分担した一部分の原稿を執筆する役割を担います。
3	レビューア	原稿を詳細に調べ、原稿に潜在的な問題がないか専門性を活かし、原稿を評価する役割を担います。

編集長の役割には、執筆陣から集める実績を把握し、進捗上の障害があればそれを解消するために、マネージメントスキルとリーダーシップのスキルを合わせて問われることになります。

複数のメンバーのチームで執筆をする場合に、執筆者の執筆に対する作業の優先順位付けが低いと、原稿を完成させる動機付けも二の次となってしまいます。このような執筆者が出ると、執筆陣全体のパフォーマンスに影響を及ぼします。そういったことが現実に起きないように、執筆陣のコミュニケーションとコントロールが必要になります。原稿をスケジュールどおりに完成させるという観点で、編集長役の役割は執筆者より重要で、高い実践能力を求められます。

2.4.1 編集長

編集長は、原稿全体に対して完成の役割と技術同人誌のプロデュース役を担います。この役割は、個人サークルでも複数メンバーのチームでも同じです。編集長の役割は、サークルの中で必ず誰かがその役割を担わなければなりません。

執筆するメンバーに自由に書かせるのか、共通のテーマで書くのか、書籍としてはストーリ性のある構成にするなど、編集長は技術同人誌のプロデューサーの役目も果たさなければなりません。

編集長は原稿の完成の役割を担うことから、本文の文体、原稿の校正、ページデザインなどの書籍に関する作業のほかに、分担した他のメンバーが作成する原稿の確認、原稿作成までのサポートの役割もカバーします。

2.4.2 編集者・執筆者

技術同人誌の制作で、企画で設定した目的を達成出来るかどうかは、編集者の力量に負うところが大きくなります。企画や方針で、段階的に具体化したコンセプトを実現するためには、執筆者の知見、目的達成に対するコミットと実践力を必要とします。

執筆者は、読者に伝えたい内容を書き下ろす際に、正確性を担保しなければなりません。原稿の内容が思い込みや憶測で書かない様に、執筆者としてのイズムを持っていなければなりません。

2.4.3　レビュアー

　レビュアーは、原稿を専門分野のスキルを活かし、原稿に問題がないかを評価します。1人の個人サークルであっても、第三者である有識者に原稿を評価してもらえるよう、協力してくれる協力者を探す活動を予定してください。

　レビュアーは、執筆者では見つけられない本文の誤り、文章の矛盾、説明不足を見つけることができます。ですから、原稿のレビューを引き受けてくれるように協力を依頼してください。

2.5　イベントの選定

　企画で、技術同人誌を頒布するイベントを選びます。技術書オンリーまたはオールジャンルで論評・情報のジャンルの扱っているイベントから、サークル参加するイベントを選択します。最近では、技術同人誌のオンリーイベントへのサークル参加の需要が旺盛であることから、技術同人誌博覧会[4]などの新興のイベントが企画されるようになりました。ツイッターなどのソーシャルネットワークから情報を収集して、参加を検討してください。

　次表に、技術同人誌のジャンルを持つ主なイベントのジャンル[5]を示します。次章で述べる『イベント属性』を参考に、サークル参加するイベントを選択してください。

表2.4: ジャンルコード

	イベント名称	内容
1	コミックマーケット	オールジャンル。 213　同人ソフト、（PCおよびIT関連）論評・情報 600　論評・情報
2	技術書典	技術書オンリー
3	コミティア	オールジャンル。論評・情報C

2.5.1　イベントに申し込む

　技術同人誌イベントにサークル参加するには、イベントの申し込み手続きを行い、主催者からサークル配置（当選）の通知を受ける必要があります。選択したイベント主催者により公開される申し込み要項やページの案内[6]に従い、手続きを行います。次に主な登録情報を記載します。

---

4. 参考　技術書同人誌博覧会 運営事務局　技術同人誌博覧会　https://gishohaku.dev/
5. ジャンルコードは、イベント主催者により随時見直しがあります。イベント参加申し込み時のガイダンスを確認してください。
6. 参考　TechBooster / 達人出版会　技術書典6　サークル参加要項　https://techbookfest.org/event/tbf06#requirements

表 2.5: 登録情報

	項目	内容
1	サークル名	サークル参加するためのサークル名です。
2	メールアドレス	イベント主催者から、サークル責任者へ連絡するために使用するメールアドレスです。
3	頒布物概要	一般参加者に関心を持ってもらえるように、予定している頒布物の概要を記載します。企画の活動でコンセプト作りをしていると記載が楽になります。
4	前回販売実績	2回目以上の参加の場合に、前回に頒布した頒布物の実績数を記載します。
5	今回販売予定	今回の申し込みで頒布するタイトル、サイズ、ページ、価格、持ち込み数などの予定を記載します。
6	ソーシャルネットのID/電子出版プラットフォームの公開URL	Twitter などのソーシャルネットワークのID、電子出版プラットフォームのURLなどを記載します。ソーシャルネットワークにはソーシャルメディアのID（Twitter・pixiv など）や通販・電子書籍（COMIC ZIN・Kindle・booth・BOOK☆WALKER）が登録出来よう に用意されています。
7	サークルカット	サークルを参加者にアピールするためのカットを描きます。サイズが指定されており、テンプレートを用意されています。 指定期間中の差し替えに対応しているケースが多いです。

　イベントに申し込みする際には、申し込むサークル責任者の連絡先、予定している頒布物の概要、サークルのソーシャルネットワークのIDやサークルの公開サイト、サークルカットなどを登録します。

図2.3: サークルカット

2.6 媒体の選択

技術同人誌を発行する媒体は、紙媒体と電子媒体から選択します。媒体の持つそれぞれ固有の特性を踏まえた上で、紙媒体、電子媒体もしくは併用することを決定します。

2.6.1 紙媒体

紙媒体は、読者が実際に紙に触れ、ページを捲る感触を得ながら、技術同人誌を楽しむ機会を創出します。サークル参加者は、技術同人誌を制作する作り手であるからこそ、イベント当日に物理的な紙媒体を手にする実感をいち早く体験することができます。特に、印刷所から搬入された段ボール箱を開け、束になっている本の封を切って手にしたときの感情は、他に替え難いものです。

紙媒体の技術同人誌を制作するサークルサイドの観点では、紙媒体は印刷を前提とすることから、印刷する完成原稿をスケジュールどおりに入稿しなければならないという、スケジュールの制約事項が付いて回ります。

　スケジュール以外にも、印刷部数と頒布の見込み数の需給予測を立て、物理的に印刷の発注と印刷した紙媒体の在庫の管理（印刷の発注、在庫管理、保管）も必要となります。

表2.6: 媒体

	媒体種類	内容
1	紙媒体	組版機能を持つソフトウェアで制作し、電子データの完成原稿を印刷所に入稿・製本を掛けます。コピー本として、自分でコピーを取り、製本することも可能です。 印刷部数という物理的な制約があるため、イベントの早い段階で完売すれば、頒布機会の喪失となります。頒布残が多ければ、在庫を抱えることになります。 電子媒体書籍の普及が途上のため、一般参加者は紙媒体を好む傾向が強く残っています。
2	電子媒体	完成原稿を制作するまでの作業は同じですが、PDFファイル、ePub形式などの形式でダウンロード頒布します。一般参加者には、ダウンロードカードで提供します。 印刷する物理的な制約はダウンロードカードのみです。電子媒体での頒布は、完成原稿の締め切りをイベント直前に設定することを可能とします。

2.6.2　電子媒体

　電子媒体は、紙という物理的な制約がないことから、イベント会場ではダウンロードカードによる頒布、イベント終了後には電子出版プラットフォームで頒布することが出来るようになります。これは、一般参加者が手に入れたいときにいつでも手に入れられるという新たな価値を生みます。

　制作サイドの観点では、電子媒体は物理的な媒体が不要（電子データのみ）となるため、制作上の印刷のプロセスを省くことができます。これは、印刷所へ入稿するステップを飛ばすことが可能となるため、制作進行上の制約事項がひとつ減るとともに、スケジュールに柔軟性をもたらします。

2.6.3　電子出版プラットフォーム

　紙媒体も電子媒体も、PCで原稿を作成します。PCで作成した原稿データを電子出版プラットフォーム[7]の指定フォーマットで登録することで、インターネット上で頒布できるようになります。電子出版の主なサービスを次表に示します。

---

7. 電子出版プラットフォームは、提供各社によりサービス名称の変更、サイトのURLの変更される場合があります。利用を検討する際に確認してください。

表 2.7: 電子出版プラットフォーム

	サービス名称	提供会社	内容
1	Kindle Direct Publishing	Amazon	https://kdp.amazon.co.jp/ja_JP/
2	楽天kobo ライティングライフ	Rakuten kobo	https://books.rakuten.co.jp/e-book/rakutenkwl/
3	Google Play	google	https://play.google.com/books/publish/u/0/
4	iBooks Store	Apple	https://www.apple.com/jp/itunes/working-itunes/sell-content/books/
5	BOOK☆WALKER　同人誌・個人出版サービス著者センター	BOOK WALKER	https://author.bookwalker.jp/
6	BOOTH	pixiv	https://author.bookwalker.jp/

2.7　コンセプト作りのツール

　技術同人誌のコンセプト作りは、ある程度の場数を踏んでいないと、何を、どのように書けば良いかわりません。そこで、技術書やスライドで公開されていて知名度のある、ふたつのツールを利用します。

　ひとつはエレベータピッチ、もうひとつはビジネスモデルキャンバスです。

2.7.1　エレベータピッチを書く

　エレベータピッチとは、短時間で簡潔に自社を売り込む説明を行うプレゼンテーションの手法です。この手法で使うチャートを活用し、これから制作する技術同人誌のエレベータピッチを作成します。

図2.4: エレベータピッチ

エレベータピッチ

[   ] したい
[   ] 向けの
[   ] という製品は
[   ] である。
[   ] ができ、
[   ] とは違って
[   ] が備わっている。

　エレベータピッチでは、技術同人誌は、誰のために、どのような価値を提供するのか、どのような強みを持って、読み手に読書体験をもたらすことが出来るかを言語化して書き出します。
　エレベータピッチの各項目は、次のように記入します。
・[潜在的なニーズを満たしたり、抱えている課題を解決したり] したい
・[対象顧客] 向けの、
・[プロダクト名] というプロダクトは、
・[プロダクトのカテゴリー] である。
・これは [重要な利点、対価に見合う説得力のある理由] ができ、
・[代替手段の最右翼] とは違って、
・[差別化の決定的な特徴] が備わっている。
本書のエレベータピッチの記入例を次図に示します。

図2.5: 『プロジェクト思考で行こう！』のエレベータピッチ

エレベータピッチ

[技術同人誌を自分で制作] したい
[エンジニアや IT に関係する人] 向けの
[プロジェクト思考で行こう！] という製品は
[実践知の体系] である。
[いくつもの手法を実践すること] ができ、
[読み物] とは違って
[技術同人誌の発刊の実現を可能とする観点] が備わっている。

　エレベータピッチを書くときには、時間を掛けずに思いつくまま記入します。10分、15分と時間を区切ってトライします。その後、少し時間を置いて読み直して、気になる点があれば修正して終わりにします。

2.7.2　ビジネスモデルキャンバスを書く

　技術同人誌を完成させたとき、出来れば多くの対象とする読者であるエンジニアや関連する職種の人に届けたいと考えます。その想いを抱きながら一心不乱に執筆しても、自分で期待したどおりの原稿を書けるとは限りません。

　この技術を書きたい、だけで始めるのではなく、技術同人誌に持たせる『価値』をエレベータピッチで明らかにしました。次は、手に取って欲しい具体的な『顧客セグメント』などの解像度をクリアにすることで、執筆する技術同人誌の備えるアウトラインを浮かび上がらせます。

　『価値』を言語化した技術同人誌の実現可能性のディティールを視覚的にするために、ビジネスモデルキャンバスを使用します。ビジネスモデルキャンバスを利用することで、読者に提案する価値を意識しながら、デリバリーに必要な執筆以外の関連する作業も洗い出します。

　ビジネスモデルキャンバスは、ビジネスモデルを9つの項目に分解します。それぞれの項目を具体的に記入することで、技術同人誌の制作活動で既に見ている部分、まだ検討もしていなくて見えていなかった部分を1枚のシートで可視化します。

第2章　技術同人誌の構想と企画　33

図2.6: ビジネスモデルキャンバス

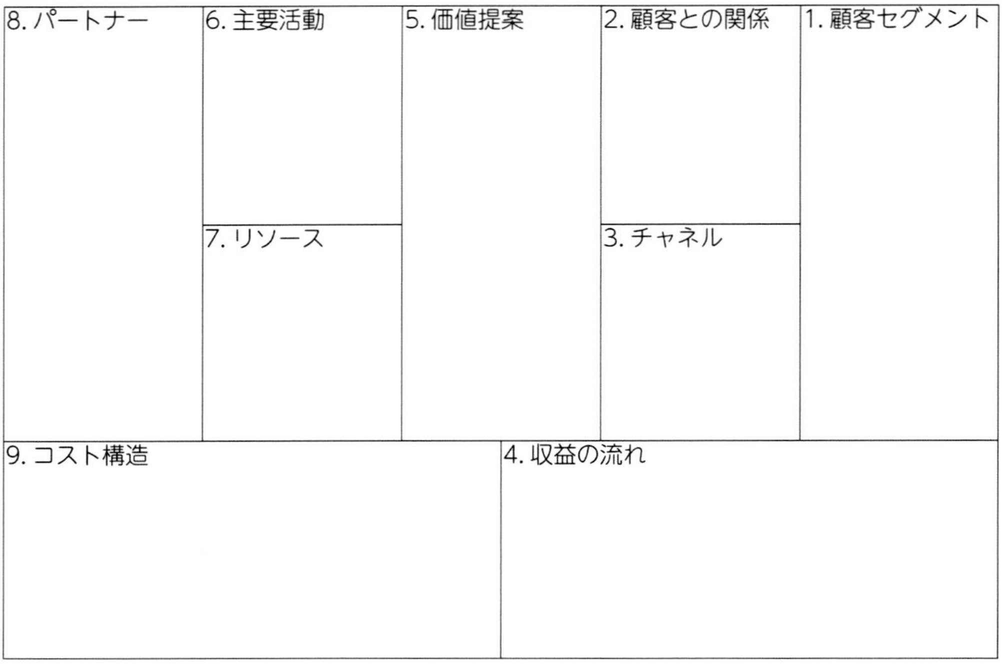

8. パートナー	6. 主要活動	5. 価値提案	2. 顧客との関係	1. 顧客セグメント
	7. リソース		3. チャネル	
9. コスト構造		4. 収益の流れ		

ビジネスモデルキャンバスは、次の順番で記入します。

1. 顧客セグメント
2. 顧客との関係
3. チャネル
4. 収益の流れ
5. 価値提案
6. 主要活動
7. リソース
8. パートナー
9. コスト構造

次表に項目の説明を記します。

表 2.8: キャンバス

	項目	内容
1	顧客セグメント	技術同人誌を届ける先にいる想定読者です。 技術同人誌という専門性を性質に持ったコンテンツになるため、一般の読者ではなく、必然的に技術者と関連職種に絞り込まれます。
2	顧客との関係	技術同人誌を介した顧客との関係をイメージして記載します。
3	チャネル	技術同人誌を届けるルートを明確にします。イベントによる頒布のみの場合、イベント参加しない期間は、顧客に技術同人誌を届ける手段を考える課題が出てきます。電子出版プラットフォームは、課題解決の候補です。
4	収益の流れ	技術同人誌を頒布し、対価を得るフローです。頒布手段の多様化は、キャッシュフローを得る機会を増やすことにつながります。
5	価値提案	技術同人誌を手に入れた顧客である読み手の得る価値を明らかにします。技術的ノウハウやプラクティスは、その候補です。
6	主要活動	技術同人誌を制作するために必要となる、主なアクティビティーを記載します。企画、執筆、頒布など活動の塊で記載します。
7	リソース	技術同人誌を実現するために必要な、全てのリソースを記載します。紙媒体で頒布する場合は、外部組織の印刷所も含めます。
8	パートナー	技術同人誌を実現するために欠かせない制作進行上のパートナを明らかにします。印刷所のほか、電子出版プラットフォームを利用する場合は、プラットフォーム提供者も含めます。
9	コスト構造	技術同人誌を制作する上で掛かる、全てのコストの項目を明らかにします。

　項目の順番どおりに書けない項目があっても、その項目を飛ばして後から記入しても問題ありません。

2.8　技術同人誌の企画

　技術同人誌の構想立案では、ビジネスモデルキャンバスを介して、1ステップ分の解像度を上げました。技術同人誌のコンセプトやターゲットとするイベントの候補を決めたので、次は技術同人誌の構想を、よりイメージアップします。

2.8.1　企画の背景

　ビジネスモデルキャンバスの『価値提案』を届けようと思い至った動機を文章で表現します。これから技術同人誌として書こうとしているコンテンツをどうして選んだのか、どうして書きたいのか、本当の理由を具体的に、簡潔に表現します。
　どうして書きたいか、その思いを浮かび上がらせることで、対象読者であるエンジニアのセグメントの持つ専門技術や経験年数などに繋げていきます。

2.8.2　対象読者

　対象読者は、これから世に送り出そうとしている技術同人誌を読んで欲しい人物像です。マーケ

ティング的には、4つの軸（ジオグラフィック変数[8]、デモグラフィック変数[9]、心理的変数[10]、行動変数[11]）を用いてセグメンテーションを分類します。技術同人誌の場合はIT業界とその関連する業界を前提とした上で、対象読者の候補となる顧客セグメントを設定します。

対象読者は、エンジニアの中でもどのような専門知識を持ったエンジニアか、エンジニアとしての経験年数、チームの中でのロール、などの観点を持たせます。これより、具体的な想定読者イメージを作りやすくします。

アプリケーションエンジニア、インフラエンジニア、開発ツール、プログラミング言語、チームビルディング、手法など何を必要としているか、キーワードを挙げてイメージアップします。

2.8.3　タイトル

タイトルは、技術同人誌につけるタイトルです。企画の段階では、仮のタイトルで構いません。タイトルを確定するのは、校了して入稿データをfixするまで決めれば良いのです。

タイトルをつける場合、技術同人誌の内容を表している具体的なキーワードを含める、ギャップのあるキーワードの組み合わせ、普通には考えないアプローチ、読者にタイトルで引っ掛かりの投げ掛け、英語のタイトル、読むことで得られるリターンの明示などを候補に検討してください。

2.8.4　ページ数

技術同人誌のページ数です。企画の段階なので仮のページ数で問題ありません。仮でもページ数を想定することで、印刷でどれだけの予算を手当すれば良いか金額感を掴めます。ページ数を仮置きできれば、印刷所のホームページで標準的な印刷料金を調べられます。

2.8.5　目次（標題、概要）

この段階で目次構成を構想します。目次は、章節項ごとの標題、標題ごとに書こうとしている数行の概要を書き出します。この目次も仮の目次ですから、後々変わっても問題ありませんし、執筆している最中に変わるので気にする必要もありません。

企画の段階で目次構成を構想することは、ビジネスモデルキャンバスに記載した『価値提案』のコンセプトと、書こうとしている技術同人誌の内容が一致しているか、ズレがないかを確かめられるようにするためです。

目次の標題を考えた経験を持っている人は多くありません。ですから、慣れるまでは難しく感じても普通のことです。企画の時点で目次を考え、構成として表現することは、執筆のフェーズになってから考え始めるより何倍も執筆で楽になります。

---

8. ジオグラフィック変数は、国・都市などの地理的条件に依存する特性をいい、消費者の居住する国や地域のから転じて、イベントの開催場所として捉えます。

9. デモグラフィック変数は、人口統計などで得られるタイプの客観的・外面的な特性で、年齢、性別、職業、家族構成、学歴、所得、などの外面的属性で、イベントの一般参加者の職業の面で捉えます。

10. 心理的変数は、消費者個人の価値観、好み、趣味嗜好、購買動機などをいいます。コミケは、複数のジャンルのひとつとして技術同人誌を捉え、技術書典は、あまたの技術の中から尖っているテーマを扱う書籍として捉えます。

11. 行動変数は、時間、購買の状況、頻度など一般参加者が実際に購入した要素をいい、イベントや頒布実績記録など測定可能で、多様なエンジニアのニーズへの対応として重視します。

第3章　技術同人誌の計画

　技術同人誌は、このプロジェクトの活動で手に入れたい成果です。技術同人誌を作り上げる計画を立てる際に、事に先立って知っておきたいことは、何を作るかということと、どうやって作ればいいかということと、どのくらいかかるかということの3つです。

　前に述べたとおり、技術同人誌の執筆作業のコンテンツ作りは、決まった手順がありませんし、書こうとしているコンテンツは執筆者の頭の中にだけアイデアがあるため、精度の高い計画は立てられません。しかし、制作する手段や仕様の中には、前もって決められるものもあります。この章では、次の項目を中心に説明します。

・印刷所に入稿する原稿データの仕様
・頒布する際の書籍の価格設定や背景にあるコスト要因
・コスト回収に基づく頒布部数
・原稿の作成ツール
・原稿データを保存する管理方法

　例えば、印刷の仕様では、印刷所で提供されているテンプレートに関すること、印刷する際に悩みの種となる印刷部数の決定で、参考にしたい観点を取り上げます。

図3.1: 計画

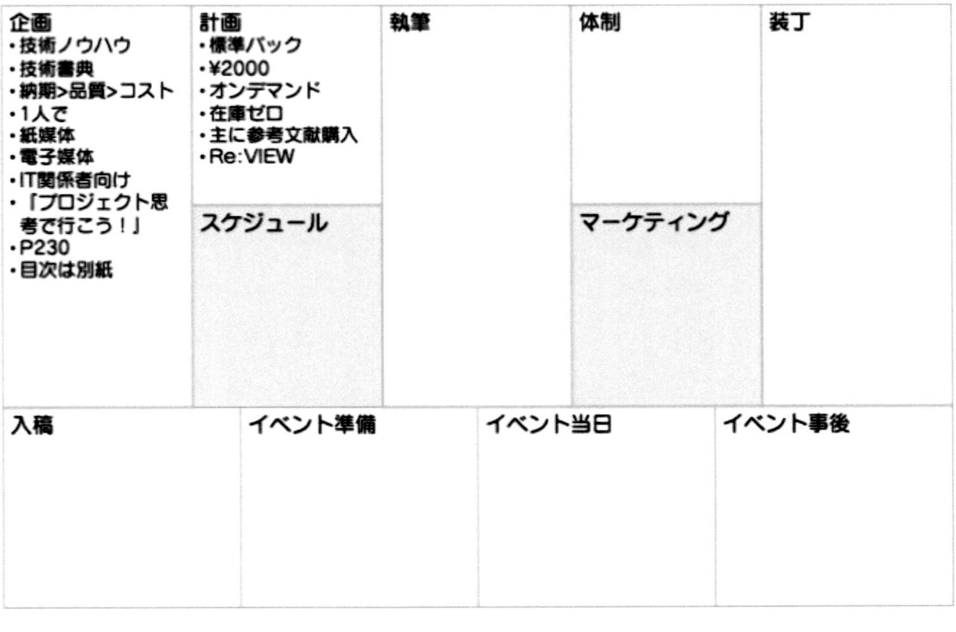

第3章　技術同人誌の計画　37

執筆前に決めておく具体的な項目は、次のとおりです。

・完成原稿

・印刷

・頒布価格

・部数

・コスト管理

・原稿データ管理

・執筆ツール

これらの項目を1項目ずつ確かめると、サービスなどのプロダクト開発と同じ構成要素であることがわかると思います。例えば、完成原稿はプロダクトにあたりますし、印刷はCI/CDの工程と見做すこともできます。頒布価格はプロダクトの売値ですし、原稿データ管理はコードの構成管理にあたります。大規模のシステム開発やシステムの運用管理の経験しかない場合でも、何れかのパートについては、エンジニアとしての知見を元に、予測をつけられるテーマを見つけられるでしょう。

3.1　完成原稿

完成原稿とは、印刷所が印刷を受け入れ可能な原稿の形態で、入稿できる完成した原稿をいいます。受付を可能とするためには、印刷所で指定する仕様を満たしている必要があります。

印刷の仕様は、印刷所ごとに次の点が規定されています。

・原稿を作成したファイルの種類

・用紙サイズ

・本のとじ方向

・とじかた

・ノンブル（ページ番号）の表記

・画像解像度

・背表紙の計算方法

・奥付の記載項目

印刷仕様については、装丁の項目で詳しく解説します。

印刷の仕様を満たした完成原稿は、表1（表紙）と背幅（背表紙）と表4（裏表紙）の組み合わせの表紙データと、本の中身の本文データのふたつを合わせて印刷所に入稿します。本にカバーを付ける場合は、表紙データ、本文データの他にカバーデータの3つで入稿することになります。

3.2　印刷

準備で最初に取り扱う項目は『印刷』です。印刷を最初に取り上げるのは、印刷所の指定に合わせて完成原稿を入稿しなければ、印刷してもらうことが出来ないからです。原稿を作成する前に、電子データによる入稿を行うときの仕様を押さえておきます。

技術同人誌を印刷する印刷所は、数多くあります。その中から、自分のサークルにフィットした

印刷所を選ばなければなりません。印刷所を選ぶ際には、印刷所の料金体系や納期のほか、印刷所の評判を調べた上で、手にしたい本を叶えられる印刷所を選択します。

稀に、ツイッターなどのソーシャルネットワークで、イベントへの直接搬入（印刷の発注後に、イベント当日に印刷会社から直接イベント会場に届けること）で届かなかったり、荷物がイベント開始時刻に間に合わないなど、トラブル事例が共有されています。トラブル回避のためにも、印刷所の評判は確認しておきます。

3.2.1　印刷の方法

紙の本として印刷する方法のうち、代表的な4種類を下表に示します。同じ原稿データであれば、自分で複合機でコピーを取るよりも、印刷所で印刷する方が数段も綺麗に仕上がります。印刷所で印刷する場合も、印刷方法（オンデマンド印刷、オフセット印刷）により、印刷の仕上りが違います。

印刷にかかる費用は、印刷する部数が多くなればなるほど、印刷所で依頼する方が1冊あたりの単価を安く抑えられます。技術同人誌で取り上げる技術テーマのポテシャルの調査や、本で取り扱うコンテンツの反応を試したり、おまけのコピー本を少数の部数を作成するときは、コンビニのコピー機の利用や自宅で印刷すると手軽に行えます。

表3.1: 印刷方法

	分類	内容
1	印刷所に依頼する	印刷所が提供するテンプレートまたは仕様に準じた原稿サイズで原稿を作成します。制作した原稿データは、Webから入稿し、印刷を発注します。
2	オンデマンド印刷サービスを利用する	Kinko's[1] などのオフィス街にあるオンデマンド印刷サービスを利用する方法です。原稿データまたは印刷した紙原稿を持ち込み、設置されている印刷機を利用して印刷、製本を依頼します。中とじの場合は、印刷機の仕様で対応できる用紙の上限、厚さの制限が設けられています。
3	コンビニのコピー機を利用する	原稿データをアプリ経由で送り、コンビニで印刷します。XEROX 社の複合機は、中とじ製本（ステープル）することが可能です。
4	自宅で印刷・製本する	インクジェットプリンタなどを使用して印刷、製本します。紙を閉じる際には、中とじ用のステープラーを使用して留めます。インクジェットプリンタを使用する場合、インク代、印刷時間、製本時間などが掛かり、1冊あたりのコストが割高になります。

3.2.2　印刷料金

印刷所では、印刷コースとページ数の料金表[2] で、標準的な費用を確認できるページを用意しています。総ページ数（表紙と本文ページの合計ページ数）と印刷する部数で索引します。

---

2. 引用　ポプルス　A5 サイズ以下/1 部～1,000 部の本 (2019 年 6 月 23 日現在)　http://www.inv.co.jp/~popls/

図3.2: 印刷料金

A5サイズ以下／1部〜1,000部の本 (2018年7月17日現在)

基本料金とオプションの料金を検索できるようになりました！

（※現在、送料・消費税には対応しておりませんので、詳しいお見積に関しましてはメールやマイページよりお問い合わせください）

料金検索ができるようになりました！ (送料別・税別)

	1部	5部まで	10部まで	20部まで	30部まで	40部まで	50部まで	70部まで	90部まで	100部まで
12頁まで	1,816	2,380	3,085	4,494	5,904	6,895	8,200	10,080	12,481	12,637
16頁まで	1,878	2,490	3,254	4,682	6,310	7,385	8,800	10,838	13,442	13,611
20頁まで	1,940	2,599	3,422	5,069	6,716	7,875	9,400	11,596	14,402	14,585
24頁まで	2,002	2,708	3,591	5,357	7,123	8,365	10,000	12,354	15,363	15,559
28頁まで	2,064	2,818	3,760	5,645	7,529	8,855	10,600	13,113	16,324	16,533
32頁まで	2,126	2,927	3,929	5,932	7,936	9,345	11,200	13,872	17,285	17,507

　印刷料金は、印刷会社ごとに用意されている印刷パッケージの仕様が異なるため、費用も違います。印刷パッケージに含まれる仕様、オプションなどの料金を比較して印刷所を選択します。

3.2.3　テンプレート

　印刷所では、印刷所のホームページで原稿を書くためのソフトウェア別のテンプレート[3]を提供しています。印刷所で、前もってテンプレートを用意しているのは、裁ち切り部分を設定したテンプレートの利用を促すことで、断ち切り部分のばらつきによる入稿データの不備による、印刷所とサークルとの不要な原稿の遣り取りを予防するためです。

　テンプレートは、複数の種類のソフトウェアのファイルフォーマットが提供されています。

図3.3: テンプレート集

■株式会社ポプルス　テンプレート集

本のテンプレートがリニューアル！

※表紙のテンプレートが左右をカットするタイプから、幅を足していくタイプになりましたのでご注意ください。
テンプレート内に簡単な説明がありますが、「原稿作成について」も合わせてご覧ください。

本のサイズ	テンプレート(zip形式)	更新日	備考
B5用	表紙用（フルカラー）	2018.04.06	背幅を合わせてからご利用ください。
	本文用（モノクロ）	2018.04.06	
	本文用（フルカラー）	2018.04.06	正方形の本を作る場合は、高さを188mmにカットしてご利用ください。
	カバー用（フルカラー）	2018.04.06	
A5用	表紙用（フルカラー）	2018.04.06	背幅を合わせてからご利用ください。
	本文用（モノクロ）	2018.04.06	
	本文用（フルカラー）	2018.04.06	正方形の本を作る場合は、高さを154mmにカットしてご利用ください。
	カバー用（フルカラー）	2018.04.06	

　技術同人誌はテキストベースの書籍のため、ソフトウェアから出力したPDFファイルで入稿しま

---

3. 引用　ポプルス　テンプレート集　http://www.inv.co.jp/~popls/　ポプルス　テンプレート集　A5用　http://www.inv.co.jp/~popls/

す。技術を取り扱う漫画の場合は、デジタルでコミックを描くツールのフォーマットから選びます。

テンプレート[4]には、印刷後に裁断する位置を示す断ち切り部（裁ちしろ）、仕上がり線など設定しています。

図3.4: テンプレート

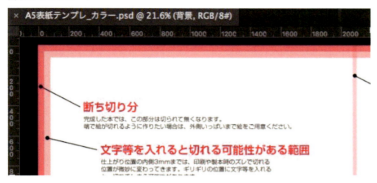

印刷所で提供しているテンプレートを使用するか、印刷所で指定される仕様を確認して、原稿を作成する編集ツールの用紙設定で設定します。

図3.5: 断ち切り分を含めたサイズ

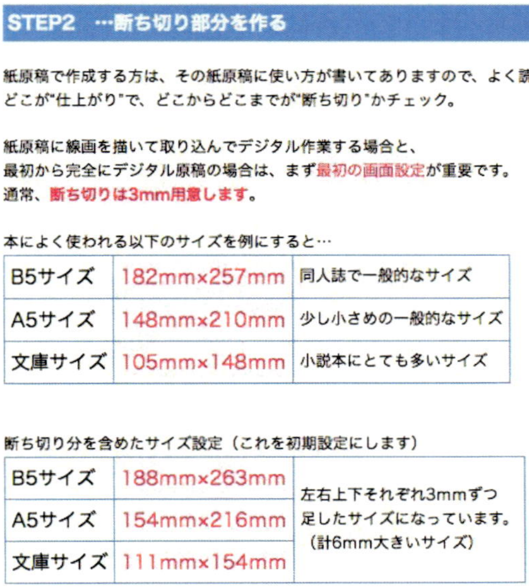

自分で作成する場合は、印刷する用紙サイズ+3mmの断ち切り部分のサイズで設定するなど、印刷所が指定する仕様に合わせます。

---

4. 引用　ポプルス　STEP2　…断ち切り部分を作る　http://www.inv.co.jp/~popls/

3.2.4 原稿データ

　原稿データは、どの様な編集ツールで執筆しても問題ありません。ただし、原稿データは、印刷所で受け入れ可能なデータ形式に出力できる必要があります。技術書のような文章・論評などの原稿は『PDF』形式に、コミックやイラストの場合は『PSD』形式で作成します。

　印刷所で、この他の形式をサポートしている場合、執筆者のツールの出力形式で入稿が可能となります。

表3.2: 原稿データ

	拡張子の種類	原稿作成ソフト	内容
1	PDF	InDesign Word Re:VIEW	文章形式の書籍は、PDF/X-1aに準拠して出力します。 コンテンツは、文字、図表です。 フォントはPDFファイルに埋め込みます。 画像の解像度は、モノクロの場合、600dpiを指定し、圧縮は行いません。 この他、印刷所で指定がありますので、諸注意を確認してください。
2	PSD	Photoshop SAI CLIP STUDIO PAINT	主に漫画を描く編集ツールで出力する形式です。 レイヤーは統合し、チャネルも破棄する必要があります。 このほか、CMYKカラーモードの指定などの注意事項がありますので確認をしてください。

3.2.5 入稿

　校了した原稿のデータを入稿するにあたっては、印刷所に対して印刷仕様を指図する必要があります。主な印刷仕様には次の項目があります。

表 3.3: 印刷仕様

	項目	内容
1	タイトル	印刷を依頼する書籍名です。例『カワイイ後輩の育て方』
2	印刷コース	印刷所により、印刷の仕様をパックにしたコースを用意しているケースもあります。
3	サイズ	印刷する用紙サイズです。例『A5』『B4』
4	総ページ数	表紙、本文ページを含めたページ数です。
5	数量	印刷する部数です。
6	とじ方向	『左とじ』にすると右側が開く本になります。横書きは左とじです。
7	とじかた	とじる方法を選びます。平とじは、接着剤でとじます。中とじは、ステープルで固定します。
8	カバー	書籍にカバーを掛ける場合、指定します。カバーを掛ける場合、カバー用の原稿が必要です。
9	印刷方法	フルカラー（インクジェット）印刷は、オフセット印刷の様に版を作らないため納期が短くなります。
10	印刷色	フルカラー、黒一色など印刷する色を選びます。
11	用紙	表紙、本文に使用する用紙をそれぞれ選択します。用紙の見本を無料で配布していて、実物を確かめられるサンプルを提供している印刷所もあります。実物を確かめたい場合は、前もって取り寄せしてください。
12	コーティング	表紙の表面処理を選びます。光沢のあるクリア PP、反射せずサラサラした手触りのマット PP があります。こ他、印刷所で様々な用紙と表面処理が用意されています。
13	遊び紙	表紙と本文の間に色紙を差し込む場合、紙の種類と色を指示します。
14	作成ソフト	原稿データを作成したソフト名、バージョンを登録します。
15	データ形式	入稿データのデータ形式を登録します。

3.2.6　印刷所選び

　印刷所選びは、費用、印刷の仕上がり、Web 発注システムの使いやすさ、評判の4点が重要です。

　費用は、入稿前に印刷所のサイトで確認することができます。印刷の仕上がりは、印刷所で印刷見本、紙の見本帳を用意してありますので、取り寄せて確認することもできます。Web サイトの印刷の発注システムは、見積り、発注依頼、原稿データの入稿、決済の流れで進めます。

　Web 発注システムの見積りの使いやすさは、発注前に使用するので確認することができます。発注依頼以降の Web 発注システムの使い勝手は、実際に発注するときになってからわかります。インターネットで印刷所の口コミを調べることが出来ますので、必要に応じて調査を行なってください。

　口コミでの評判の調べ方のひとつに、実際に印刷所を利用しているサークル主宰者に尋ねてみる方法もあります。どこの印刷所を使用しているか、対応はどうか、仕上がりに満足しているかなどを尋ねてみましょう。

3.3 頒布価格

頒布価格は、イベントで頒布する技術同人誌の値段です。標準的な価格の付け方やルールはありません。執筆者として、技術同人誌の読書体験の価値を評価して、頒布価格を設定してください。

技術同人誌の制作に掛かったコストを積み上げて、頒布価格を設定することもできます。最終的には、自分で幾らなら支払うか、成果を客観的に見極めてください。

3.3.1 価格設定

目安となる価格設定の方法に、10円/1ページという考え方があります。50ページ前後の場合は、キリよく500円で設定します。100ページの技術同人誌の場合は1000円で設定します。価格を500円、1000円の単位に設定すると、お釣りの用意や頒布代の受け渡しが楽になります。

技術書典では、イベント主催者によりQRコード決済アプリ[5]が提供され、浸透しています。技術書典のほかに、pixivもQRコード決済アプリを提供しています。

これらのQRコード決済アプリを使用すると紙幣や硬貨の受け渡しが不要になることから、価格設定に自由度が増えます。例えば、50ページの本に750円、800円などの価格を設定しやすくなります。頒布するサークル側では、技術同人誌の価値に応じた価格設定の自由度が広がります。

3.3.2 制作に掛かる経費

制作については、次の経費が発生します。
・イベント参加費用
・イラスト代（外注した場合）
・ソフトウェア費
・印刷の費用
・参考文献などの書籍代
・打ち合わせ費用
・取材の費用
・消耗品代
・サークルスペースの設営用の什器・備品
・交通費

経費には、一度購入すれば繰り返し使用できる備品の費用、都度や使い切りで毎回購入が必要となる費用、サブスクリプションのソフトウェアのように月次（年払いのケースもあります）で費用が発生するものがあります。

印刷に掛かる費用は、注文する部数が多ければ多いいほど、1冊あたりの単価が抑えられる特性を持っています。印刷所のページに記載されている印刷費用を1部あたりの単価で見比べてしまうと、無意識にお得感のある多い部数を選びがちです。

---

5. 技術書典でのQRコード決済アプリは、第3回Android版、第4回iOSが提供されています。

表 3.4: コスト要因

	条件	内容
1	印刷料金	1部あたりの単価です。印刷料金は仕入れにあたるので印刷部数を多くすれば、仕入れ単価は下がります。印刷部数を絞れば、1部あたりの仕入れ単価は高くなります。
2	経費	頒布するまでに掛かった費用を折り込みます。ただし、執筆者の人件費を織り込むと、相当の印刷部数を頒布できなければ、赤字は必須です。

　イベント後に、頒布の残りが纏まって発生すると、頒布残の書籍を自宅に送り返すための運送費が高くつくことになります。また、次の頒布の機会を作るまでは、自宅で物理的なスペースを占有し、見えないコストを発生させることになります。気づきにくいコストにも注意を払います。

3.4　印刷部数

　印刷部数では、発注する印刷部数を決定するために知っておきたい項目を説明します。

3.4.1　考慮すべき諸条件

　印刷所に指示する印刷仕様の項目での悩みどころは、印刷する部数です。前述のとおり、印刷費用だけで判断すると、1部あたりの単価は下がるので、心理的に印刷する部数を増やしたくなります。
　ついつい、多めの部数を印刷してしまい、在庫を抱える羽目になります。印刷する数量を決定する際には、次の諸条件を踏まえて決定してください。

表 3.5: 印刷部数を決める諸条件

	条件	内容
1	マーケティング	サークル主宰者のソーシャルネットワークやコミュニティおよび専門技術での知名度は、印刷数量を決めるひとつの指標です。頒布対象の読者のセグメントにリーチすることが出来るかが、ひとつのパラメータとなります。
2	在庫許容数	印刷した部数より、頒布数が少なければ在庫となります。在庫は、保管場所の物理的な場所を占有します。在庫が多ければ、在庫が占有する分だけ、スペースが使えないという見えないコストを発生させます。在庫が多ければ収支もアンバランスになり、次作へのキャッシュフローがショートします。
3	委託販売	委託販売をする場合、頒布残を意図的に残す印刷部数を設定するか、別途、増刷をかけます。
4	イベント属性	参加するイベントの特性を考慮し、印刷部数を見極める判断材料にします。

3.4.2　イベント属性

　参加するイベントが持つ性質、属性を印刷する部数に考慮して反映します。イベント参加者数だけで見ると、コミックマーケットの一般入場者数は、3日間通しで57万人（C95公式発表）です。また、1、2日目と3日目では一般参加者数に開きがあります。
　技術書オンリーイベントである技術書典6は、一部有償化に踏み切ったにも関わらず、10,260人

（主催者、サークル参加者を含む。技術書典公式発表）の実績があります。

コミックマーケットと技術書典の参加者数は、参加者の数字だけで比較すると誤った判断を導いてしまいます。コミックマーケットは、オールジャンルでの開催です。技術同人誌に関心を持つ対象セグメントが57万人ではありません。その内の何十分の一の割合が対象セグメントです。

筆者のサークルの場合、コミックマーケットと技術書典の両方に参加しています。両イベントの参加者数の違いがあるにも関わらず、頒布する部数は同等のレンジに収まる傾向があります。この傾向は、コミックマーケット、コミティアなどの従来型のイベントから参加し、マーケティングや継続的な新刊のリリースによる結果と考えられます。

技術同人誌のイベントから参加して、コミックマーケットへ参加すると、一般参加の多様性から感じられる体感的な期待と頒布数のギャップを強く感じます。サークルによっては、技術書典とコミックマーケットの頒布数は、10倍にもなることもあるようです。

定性的な感覚より、イベントへの参加により頒布数の実績を時間帯に記録を取るなど、イベント属性を参加するイベントで収集し、頒布する予定の数量にフィードバックします。

表3.6: イベント属性

	属性	コミックマーケット	技術書典	コミティア
1	ジャンル	オールジャンル	IT	オールジャンル[6]
2	年齢層	全年齢	成人＋学生	全年齢
3	場所	有明（ビックサイト）	池袋サンシャインシティ[7]	有明（ビックサイト）
4	配置	西の場合、保守的に考慮した方が良い	考慮不要	西の場合、保守的に考慮した方が良い
5	参加者の目的	推し買い	技術書買い	推し買い
6	一般参加者数	57万人[8]	一般入場 9,330（人 10,260人スタッフ、サークル参加）[9]	2〜3万人

C95では、ジャンルコードを『213　同人ソフト　（ＰＣ及びＩＴ関連）評論・情報』とした場合の配置日は1日目、『600　評論・情報』とした場合の配置日は3日目となります。この配置日は、募集の度に見直されています。C96では、オリンピックの準備の影響で4日間の開催期間になり、ジャンルコード213は、4日目に配置されました。

先に述べたとおり、コミックマーケットのイベントの参加者数は、技術書典の61倍の規模となります。参加者数だけで比較すると、コミックマーケットの規模が大きいため、頒布条件は有利に思えます。しかしながら、全ての参加者が技術同人誌のジャンルを目的に、一般参加しているわけではありません。技術同人誌を扱うジャンルに対する参加者数を想定することは出来ませんから、そうした諸条件を十分考慮することで、印刷部数を想定します。

3.5　在庫

在庫は、頒布実績が印刷した部数に満たなく、手元に残った書籍です。在庫のままだと、保管し

ている場所のスペースのコストを消費するだけで、価値を産みません。

図3.6: 在庫の入った段ボール箱

　印刷の発注を出す場合は、参加したイベント以外の頒布手段や次に参加するイベントを検討しておきます。これにより、複数の頒布の手札を確保することができ、在庫を抱えるリスクをコントロールできるようになります。

3.5.1　在庫の流動

　印刷した本は、イベント参加による頒布または委託による店頭、ネットショップでの通信販売などにより、頒布する機会を作ることができます。頒布機会を作れない本は、在庫のままとなり、経費を回収することが難しくなりますので、多様な選択肢を検討しておきます。

　本で取り扱うコンテンツに、パッケージのバージョンや技術の話題性などの賞味期限的な性質が強い場合、頒布時期を逸すると在庫が動かないデッドストックになりかねません。こうした特性を考慮して印刷部数を抑えて、ダウンロードによる頒布を活用することで在庫の圧縮を検討します。

3.5.2 ダメージ

印刷部数を見誤ると、頒布が叶わなかった在庫が積み上がります。一般的には自宅で保管することになり、貴重な自宅のスペースを在庫の本で占有することになります。

在庫は、制作に投下した経費の回収、つまりキャッシュフローを悪化させる要因になるばかりではなく、価値を生まない在庫により、スペースの利用を続けることになります。

コストや物理だけのダメージばかりではなく、物理的に存在し続ける限り、メンタル的にも在庫を見てもなんとも感じなくなるなど、感覚が麻痺するダメージを受けることもあります。

頒布実績で参加するイベントの傾向を掴み取れるまでは、印刷部数の発注を保守的に見積もることも対策案のひとつです。

在庫を回避する方法に、同人誌を扱うショップへの委託や、LTや勉強会での広告用での利用、次の機会に新刊と既刊で頒布する方法があります。次の頒布のためのマーケティングの位置付けとして、活用する方法もあります。

3.6 コスト管理

企画の段階で、この執筆活動の方針を立てます。コストの方針と活動実績を検証するために、書籍の制作に掛かる費用をレシートや領収書で保管し、経費の記録として残します。費用の発生都度、記録する習慣を身につけておくのがベストです。

3.6.1 レシートの種類

店舗で使った費用、印刷所のサイトで注文した印刷代などの取引の記録の確証には、次の表の種類があります。

表 3.7: レシートの種別

	種類	内容
1	レシート	レジで発行されます。コンビニでの買い物、会議を行なった喫茶店代など。
2	領収書	レジを置いていない店舗の場合、領収書で保管します。 印刷所などのECサイトで領収書を発行できない場合、決済画面やクレジットの請求書、銀行振込などを記録しておきます。印刷所の印刷料金、ポスタースタンドなどの備品、打ち合わせでの飲食費など。
3	出金伝票	レシート、領収書が発行されない費用の出金を記録します。鉄道、バスなどの交通費など。

3.6.2 レシートの保管

イベントで新刊を頒布するための企画からイベント当日までに購買したものは、レシートや領収書を受け取っておき、クリアファイルや保存用のビニール袋で保管しておきます。旅費交通費などで領収書がない場合は、出金伝票で出金を記録する方法もあります。

サークル活動を継続的に行う場合は、領収書の発生都度、会計のクラウドサービスやスプレッドシートに記録しておくと、年始の確定申告で辛い思いをせずに済みます。

表 3.8: 経費計算のタイミング

	保管方法	内容
1	都度記録	経費の発生都度、記録します。スプレッドシート、帳簿、Webの会計サービスなどで行います。レシートをスクショで撮ったものを記録するサービスもあります。
2	月別保管のみ	経費のレシートなどを月別の封筒、ビニール袋に分けて保管し、月次や年末にまとめて計算します。

発生月ごとに封筒を用意し、経費が発生した都度、袋に収納する方法もあります。この方法は、確定申告が必要となった場合、1年分の経費の計算をする作業が必要になることを覚悟してください。

1年分の経費処理をまとめて行うのは、日々の事務作業を先送りしたことを、確実に後悔することになります。イベント毎に経費を計算することをお勧めします。

3.6.3 経費

技術同人誌を制作し頒布を終えるまでには、様々な経費や収入が伴います。次の表に、主な経費を示します。

技術同人誌を制作するために掛かる費用の経費処理方法については、インターネット上で検索すると経費処理の事例を確認することができます。参考となる書籍に、確定申告のガイド[10]があります。

表 3.9: 経費の種類

	経費	内容
1	イベント参加費	サークルとしてのイベント参加登録費用を経費として計上します。
2	新聞図書費	技術同人誌を制作するにあたり、参考とした書籍、資料を経費として計上します。
3	消耗品費	文具、PCの周辺機器など取り替えることが前提の物品を経費として計上します。
4	会議費	複数のサークルメンバーで打ち合わせを行った際に掛かった喫茶代などを計上します。
5	雑費	クラウドサービス（サブスクリプションのWebサービスなど）などのソフトウェア使用料は雑費で計上します。
6	外注工費	デザイナー、イラストレータに表紙のイラストを発注した際の費用を計上します。
7	旅費交通費	イベント会場の往復で掛かる全ての費用を計上します。
8	荷造り運賃	イベント会場まで宅配便を使用して荷物を発送した際の経費を計上します。

3.7　原稿データ管理

原稿データをロストすると、一からやり直しになってしまいます。得てして起こるのが、入稿直

---

10. 参考　『同人作家のための確定申告ガイドブック　2018　（著者 水村 耕史）　KADOKAWA　定価 1,728 円　ISBN：9784047350670

前に原稿データが読めなくなてしまったり、PCが故障して復旧できなくなってしまうケースです。

普段使いのPC環境により、手軽で確実に原稿データをバックアップする手段を確保し、確実に
バックアップを取得できる仕組みを作ります。githubやBitbucketも選択候補です。

表3.10: 原稿データ管理

	保管方法	内容
1	PCのローカルディスク	一番手軽ですが、PCのディスクがクラッシュしたり、ファイルの構成管理が手間になりがちです。特に、ファイルがクラッシュしてしまうと、復元することは困難になります。
2	外付けHDD	Apple Time Machine、NASなどにバックアップを取得する方法です。取得している世代分だけ、過去に戻ることができます。
3	クラウドストレージ	Google Drive、Microsoft OneDrive、Dropbox、github、Bitbucketなどがあります。クラウドストレージで構成管理をすると、合同誌や共著でのコンテンツの一元管理をしやすくすることができます。原稿の履歴管理の機能を持つサービスを選びます。
4	USBメモリー	外部記憶媒体として原稿データを保管する手段として利用します。あくまでも、一時的なデータの受け渡しでの利用とした方が良いでしょう。

3.8 執筆ツール

原稿を執筆するテキストエディターや、図表を作成する作画ツールを選びます。執筆ツールの選
択にあたっては、入稿データを出力できればどのようなツールを選択しても問題はありません。基
本的に、執筆者の好みで選びます。

原稿を書く際のアプローチとして、下書き原稿を書いた後、草稿を執筆し、組版機能を持ったソ
フトウェアで完成原稿を編集するステップを踏む方法があります。下書き、草稿、完成原稿それぞ
れのステップで同じ執筆ツールを使うか、校正では組版ソフトウェアを使用するかは、執筆者の執
筆に対する考え方で判断してください。

最近のクラウドストレージやWebサービスなどのSaaSでは、Web上で共有することができるテ
キストエディター機能を提供しているサービスがあります。DropboxのPaperやEvernoteなどがそ
の例です。

これらの執筆ツールは、スマートフォン、タブレットやPCなどデバイスも場所も選ばず、隙間の
時間に原稿を執筆したり、原稿を見直す機会を作る可能性を広げます。

3.8.1 下書き執筆ツール

執筆では、最終的に完成原稿を作成することを目標として技術同人誌を作成します。執筆活動に
おいて、最初から完成原稿に近い完成度合いで技術同人誌を執筆することができれば理想的ですが、
下書き原稿が出来上がっても、その後に、原稿の推敲や校正するため、何度も書き直すことになり
ます。

執筆ツールは、執筆者が書きやすいエディターを選び、ひと通り下書きを書き切れるエディター
を選択します。

3.8.2 組版ソフト

組版ソフト（Desktop Publishing software）とは、書籍、チラシなどの編集に際して、紙面への割り付け作業をPC上で行えるソフトウェアです。

技術同人誌の制作では、個人サークルの場合は、主宰者自身が原稿を書き、組版ソフトを使用して書籍の割り付けを行います。複数のメンバーで執筆する場合は、編集長が組版ソフトウェアを用いて、原稿の割り付けを行います。

原稿から印刷所へ入稿するデータを作成するためには、印刷所のサポートする入稿データを出力できるソフトウェアを使用します。組版ソフトには、Adobe inDesignやMicrosoft Word、ジャストシステム 一太郎、Re:VIEWなどがあります。

3.8.3 Adobe InDesign

Adobe製の組版ソフトで、グラフィック処理能力が高く、IllustratorやPhotoshopのデータを変換せずに利用できるため、他の組版ソフトより強力[11]です。本書の技術同人誌版は、InDesignを使用しています。

図 3.7: Adobe InDesign

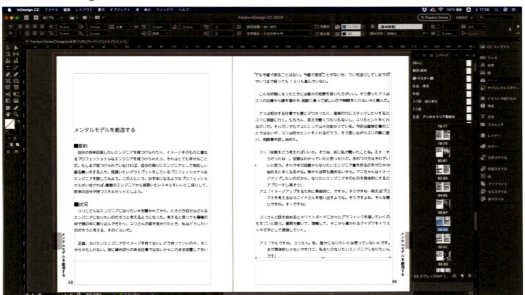

3.8.4 Microsoft Word

一番手短にあって、操作も慣れているMicrosoft WordでもPDFファイルを出力できるので、入稿用の原稿データを作成することが可能です。

---

11. 参考　京極夏彦氏はここまで「読みやすさ」を追求していた http://jbpress.ismedia.jp/articles/-/53511

図 3.8: Microsoft Word

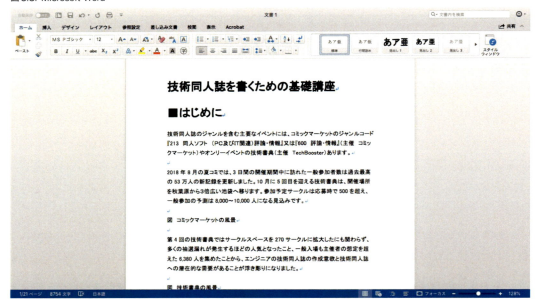

3.8.5　Re:VIEW

　Atom などのエディターで、マークダウン形式で書いた原稿を LaTex を使い組版し、入稿データを出力する仕組み[12]です。CSS でスタイルを適用して、PDF 原稿を作成します。

　特に、複数のメンバーで執筆する場合、執筆者がそれぞれ原稿を書き、原稿を Github 上で統合することが可能なため、並行した執筆に向いています。編集者は、1 人で組版ソフトに原稿を流し込む作業の必要がなくなり、編集作業を効率化できます。

　本書の商業誌の執筆では、Re:VIEW を利用しています。

---

12. 参考　Re:VIEW　技術 (書|者) のための電子・紙書籍制作ツール https://reviewml.org/ja/

第4章 技術同人誌づくりの体制

この章では、技術同人誌を制作する作業を通して必要となる様々な役割について説明します。役割を明確にすることで、技術同人誌を制作するために必要な人的リソースに割り当て、制作工程を進める体制を確立します。

図 4.1: 体制

4.1 人的リソースの確保

技術同人誌を制作するためには、制作に係る作業を完了させるために様々なリソースを必要とします。技術同人誌の制作で必要となる主要なリソースは、執筆を担う人的リソースです。人的リソースを確保するためには、技術的なノウハウやプラクティスを執筆できるエンジニアに賛同してもらい、執筆作業を終わらせられる時間を確保してもらう必要があります。

技術同人誌を制作するサークルは、1人の個人サークルか複数のメンバーによるサークルのどちらかに分類されます。どちらのサークルの場合も同様に、制作工程全体の作業を把握し、作業に優先順位をつけて人的リソースを割り当てます。

システム開発やプロダクト開発のリリース日が設定されるように、技術同人誌の制作もそれに当

たるイベント開催日が設定されます。このイベント開催日は、サークルの都合で動かすことは出来ません。

一方、システム開発やプロダクト開発の開始日は予算の執行や契約開始日で縛られますが、技術同人誌の制作では、制作の開始日を制約する条件はありません。作業の着手日を自由に設定することが出来ます。

作業の着手日を前倒しを行うことは、納期から前に作業期間を伸ばすことを意味します。結果的に人的リソースを増やすことに結びつきます。スケジュールの着手日を柔軟に捉えることで、ほとんど割り当てることが難しい作業があったとしても、着手日の前倒しで人的リソースを捻出することが可能となります。

複数メンバーによるサークルで体制を捉える際のポイントは、一連の執筆作業の中で、サークル主催者自身以外、つまりメンバーの分担する作業です。分担する作業をメンバーに任せることで成果物の依存が発生するため、技術同人誌の制作進行のスケジュールに影響を受ける可能性が高まります。

4.1.1　個人サークル

個人サークルは、サークル主＝サークルメンバーのサークルです。サークルを構成する人的リソースは1人のため、意思決定は早く出来るメリットを持っています。また、1人であることから、サークル内でのコミュニケーションに起因する人間関係のトラブルは皆無です。

……と言いたいところですが、思うように進捗しないときに、結果を出せない自分自身と衝突することもあります。また、一人で活動するため、相談事があるときに相談できる相手がおらずスタックしたり、自分一人の思い込みによる判断をしてしまい、スケジュールに望ましくない結果を伴う危険性もあります。

こうしたリスクを含めたトータルでの経験を得られると捉えると、作業全体の把握や、作業工数の見積もり、作業全体の進行と、物事を捉える判断力や、現状の自分自身の作業を統括する能力とレベルを知るには良い機会になります。

リソース確保の観点では、作業に対して割り当て可能なリソースは1となります。リソースは1のため、制作進行中にサークル主が制作活動に従事できない場合、進行が即停止するSPOF（Single Point Of Failure）のリスクになりかねないことを知っておく必要があります。

チームの誰かがトラックに轢かれると、プロジェクトが継続困難になる人数をトラックナンバーと呼びます。個人サークルのメンバーは一人のため、トラックナンバーも1となります。

トラックナンバの1を下げるためには、企画でのアイデア出し、執筆した原稿のレビュー、売り子などの作業を切り出して、知人などに協力を求めることも検討してください。

この他、作業の継続困難になるリスクを緩和するために、作業の着手を前倒しして自分のリソースを作ることを確実に行ってください。

4.1.2　チーム制サークル

チーム制サークルは、いわゆるサークルで、複数のメンバーでチームを構成します。サークル主

とメンバーで役割分担を決め、制作上のアクティビティーをそれぞれのメンバーに割り当てます。

メンバーの対応できる作業をカバーし合えるように構成すると、制作進行上のリスクをフォローでき、予防的にリスクを低減します。作業のカバーは、制作進行を含めた作業全体で行うことになり、トラックナンバーは1より小さくなります。

4.2　サークル内での役割分担

サークル内での主な役割は、制作活動全体を推進するリーダー役であるサーク主宰者、原稿を執筆する執筆者とイベントで頒布する役の売り子があります。

チーム制のサークル主宰者の役割には、制作活動全体に纏わる全ての作業を含みます。執筆者や売り子の役割には、原稿の執筆やイベント当日の頒布のほかに、サークル主宰者の作業を分担することもあります。

個人サークルでは、サークル主宰者が全てを1人で行うため、分担は発生しません。

表 4.1: サークル内の役割分担

	役割	内容
1	サークル主宰者	サークルの代表です。サークル活動における制作進行と意思決定を行います。
2	執筆者	原稿の執筆を担います。
3	売り子	イベント当日にサークルスペースで、主力なメンバーとして頒布活動をサポートします。

4.2.1　サークル主宰者

サークルの代表であり、サークル活動全般について意思決定する権限を持ち、様々な事項について意思決定を行うことでチームをリードするロールです。

個人サークルでは、『サークル主宰者＝私』の関係となるから、意思決定が迅速に行える一方、前述したトラックナンバが1であるリスクを回避することは出来ません。リスクマネージメントの観点では、リスクを受容するか、着手日を前倒しすることでリスクを緩和などの方針を決めておくと、リスクが発現した場合に慌てることが無くなります。

チーム制サークルでは、サークル主宰者以外のメンバーを抱えることになることから、制作進行上のメンバーの予実のモニタリングとコントロールが必要です。メンバーのコミュニケーションは、企画での方向性のすり合わせや執筆の途上での原稿内容のズレの調整に注力します。

チームをコントローラブルにするためには、チームの価値観とスピード感の共有が重要です。チームをリードするスタイルは、チームの価値観に合わせたリーダーシップのスタイルを選択する必要があります。

4.2.2　執筆者

執筆者は、原稿の執筆に関する主要な作業の担い手です。技術同人誌の企画や方針を踏まえ、担当するパートの原稿を期日までに執筆します。

編集長から執筆に纏わるガイドラインが出ている場合は、技術同人誌の想定している読者に読みやすくするために、執筆者全員でガイドラインを遵守します。原稿の記述での形式は、分担する執筆者全てが守らなくてはならないルールです。ガイドラインを守ることは、原稿の基礎的な品質の確保につながります。

執筆者として原稿に向かう際には、読者に伝えることは何か、順序立てて伝えているか、理解を助ける事例を使っているかなど、読者に伝えるための技術を活用してください。

4.2.3 売り子

売り子は、イベント当日にサークルスペースで技術同人誌を頒布する担い手です。イベントにより、一般参加者が関心を持っているサークルに対してチェックを入れる機能を提供していることがあります。サークル目線での被チェック数が多い場合は、頒布での作業量を平準化するために、売り子を手配することは効果的です。

サークル活動や参加するイベントのテーマに関心を持っていて、信頼の置ける知り合いに声掛け、売り子を手配してください。信頼を条件にしているのは、頒布で金銭を取り扱うため、無用なトラブルを回避するためです。

第5章　技術同人誌づくりのスケジュール

　本章では、全体の制作進行のスケジュールの組み立て方と、組み立てに当たって前提とする条件、および、スケジュールを組み立てる際の工夫点について説明します。

　スケジュールを組み立てる前に考慮したい事項に、作業ごとの成果の具体的なイメージや、作業の完了の状態を言葉やイラストなどによる表現があります。スケジュールづくりでは、計画の作業項目をカレンダーにプロットするときに、頭の中に入れたままにせず、見える形に表現することの有用性について説明します。

　特に、複数のメンバーで技術同人誌を制作する場合、特定の期日であるマイルストーンを設定して、並行して作業を分業することを考えます。そうした進め方をサークルメンバーと共有してから作業を始めることは、とても大切な考え方です。勘違いや思い込みが原因で、手戻りを起こさないように段取りを組み立てたり、メンバーの担当する作業は、アウトプットにコミットメントし易い環境を作ることで、主体性を引き出す工夫をします。

　スケジュールの組み立てでは、余裕を持たせて作業期間を積み上げると、バッファーの積み重ねで入稿日に収まりません。バッファーの持ち方を工夫することで、タイトな日程を実現可能なスケジュールにプロットする手法を確認していきます。

　その上で、外部からの制約条件を満たしながら、スケジュールづくりを行える手順を確かめます。

　最後に、実作業を着手する前にリマインドしておきたい、マインドセットのプラクティスをおさらいします。

図5.1: スケジュール

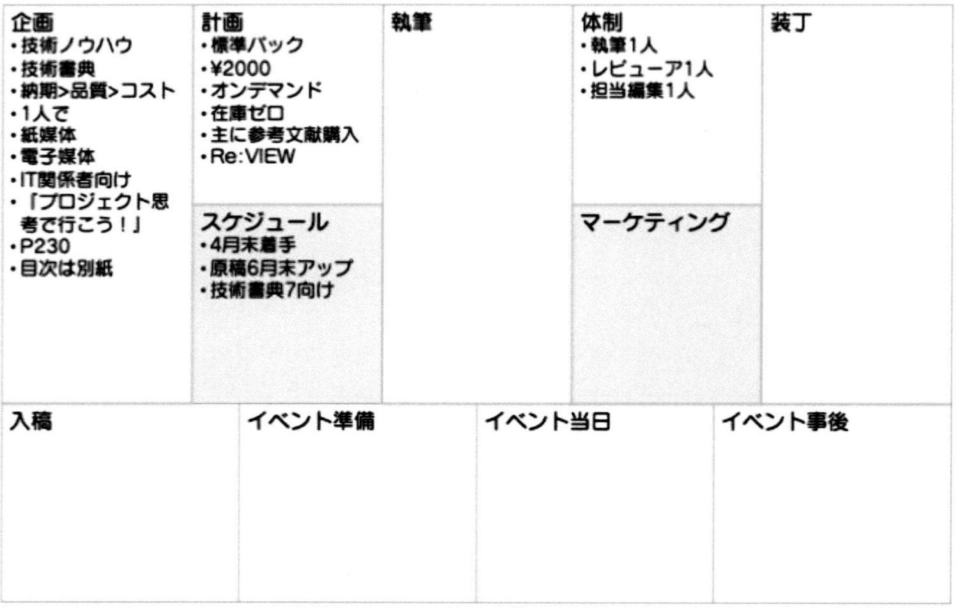

企画	計画	執筆	体制	装丁
・技術ノウハウ ・技術書典 ・納期>品質>コスト ・1人で ・紙媒体 ・電子媒体 ・IT関係者向け ・『プロジェクト思考で行こう！』 ・P230 ・目次は別紙	・標準パック ・¥2000 ・オンデマンド ・在庫ゼロ ・主に参考文献購入 ・Re:VIEW **スケジュール** ・4月末着手 ・原稿6月末アップ ・技術書典7向け		・執筆1人 ・レビューア1人 ・担当編集1人 **マーケティング**	
入稿	イベント準備	イベント当日	イベント事後	

5.1 スケジュールを考える前に

　スケジュールを考えるときに一番シンプルに捉えると、技術同人誌をイベントで頒布することが実現できれば、スケジュールの目的は達成することができます。

　しかし、そうは問屋が卸さないのは、頒布する本の制作に幾つもの工程と手順に関連する制約条件があったり、スケジュールを作成するときに都合の良い前提を置くことで、作業の依存関係が複雑になったりするためです。

　スケジュール作りの作業で重要性を持っているのは、作業に数字を持っているタスクや数値では表現できないが、備えていなければならない性質を持っている作業です。これらの作業を押さえながら、トップダウンで作業の粒度を意識しながら分解して、スケジュールを組み立てるようにします。

5.1.1 数値を持つ作業

　技術同人誌やその本を制作する作業の中で、数値を持っている作業は注意が必要です。イベント参加の申し込み期限の期日、草稿の完了日、印刷料金の振込期限、イベントの日時などの時間軸の他に、担当する原稿のページ数、頒布予測数など、執筆する本に関連する数量を決めるアクティビティーも含みます。

　期日のうち、イベント主催者や印刷所などの外部から指定される期日については、サークル側ではその期日を変更できません。期日を遵守せざるを得ないマイルストーンは、制作進行上間に合わ

せられるように、依存関係を持つ作業の進捗のコントロールに注力します。

　サークルのスケジュールとして設定する作業にも、数値を含む作業があります。作業の段取りや手順、スケジュールの日数や執筆するページ数や割り当てるページ数、入稿予定日や印刷する部数など、様々な数値を決めることで完了となる作業があります。

　これらの数値を持つ作業は最終的に外部から制約を受ける条件を満たすため、必ず完了しなければならない作業です。外部から制約を受ける期日のマイルストーンは、固定されたアンカーです。アンカーの期日までは、サークルで自由な裁量を持ってサークル内部のスケジュールを設定することができます。

5.1.2　定性的な性質を持つ作業

　スケジュール化する作業の中で数値ではなく、紙の色や手触り、デザインや文章の読み易さ、読みたいページへのアクセシビリティー、読書で身につけられる形式知など、備えておきたい性質を成果に持たせる作業もあります。

　読者が技術同人誌を読むことで身につけたい形式知は、対象セグメントの読者のニーズにあたります。読者のニーズやデザインや文章の読み易さは、技術同人誌のコンセプトのフェーズで設定しますが、具体的な仕様は装丁のフェーズで行うように段取りします。紙の色や手触り、任意のページへのたどり着き易さは、印刷の仕様を決める装丁のタイミングで行います。

　これらの性質を持つ作業は、忘れることなくスケジュールに設定しなければなりません。

5.1.3　やりたい作業を選ぶ

　システム開発の作業でも、担当する人が自分の意思でタスクを選ぶ場合、その作業を達成したいという思いを持ち易いため、完成はもちろんタスクのクオリティの高さも期待できます。

　普段、日常で担当する仕事では、リーダー役から指示されて担当する作業は『どこか仕事だから』と割り切って作業をした経験があるかもしれません。技術同人誌を制作するための活動は、業務ではありません。自由意志を持ったエンジニアや関係者が、自分自身の手で世の中に送り出したいという希望を実現するために、自分のリソースを投下してまで取り組みます。

　ですから、チームを編成して制作活動を行うのであれば、それぞれのメンバーが担当する作業はそのメンバーの判断で選ぶ方が望ましいです。もちろん、作業によっては、ある程度のスキルやスキルレベルを必要とするかもしれません。そういうときこそ、チームでどのように助け合いながら進められるかを検討してください。

5.1.4　スキルを見せ合う

　複数のメンバーでチームを作っても、集まったメンバーのそれぞれが持っているスキルやスキルレベルを全て知っているケースはほとんどありません。なぜなら、他のメンバーのキャリアで知っていることは、知り合うきっかけになった技術や手法の中心に、コミュニケーションをとっている一部分に過ぎないからです。

　それを解消するために、それぞれのメンバーが持っているスキルとスキルのレベルを共有します。

保持しているスキルの共有により、今後の活動で進捗上のトラブルが発生したとき、スキルを持ってサポートできるメンバーがいれば相談しやすくなります。また誰も必要とするスキルを保持していなければ、協力ししやすい環境を作ることが出来ます。

　スキルを共有することで、タスクを担当する際に誰もが実践知も形式知を持っていないことが着手前にわかれば、チームの中で、そのタスクを確実に完了させるためのアイデアを出し合ったり、ハマりそうなポイントを見つけられる可能性を高められます。

5.2　スケジュールを組み立てる際の工夫

　制作活動の工程を具体的なスケジュールに当てはめていく際に、ちょっとした工夫をしておくことで、スケジュールと実績で差異が生じたときに切羽詰まることが少なくなります。

5.2.1　バッファーは全体で持つ

　タスク毎に作業時間のバッファーを持つと全体のスケジュールが伸びてしまい、スケジュール調整を難しくしてしまいます。個々の作業にバッファーを持たせずに、制作スケジュールの塊や全体でバッファーを設定するようにします。特に、入稿予定の前に少なくとも土日をバッファーとして確保します。

　例えば入稿日を週の前半に設定して、前々週の週末からバッファーとしてスケジュールを開けておきます。実際に制作を進行し始めると止むを得ない事象が起きるため、予定をあっと言うまに食いつぶしてしまいます。そうしたときに全体でバッファーを持っていれば、何かしら、リカバリーするために時間を当てることができます。

5.2.2　バッファーは編集長の裁量で使う

　チームで制作を進行する際は、このバッファーは編集長役の裁量で判断することをスケジュールを組み立てるときに決めておき、メンバーは勝手に使わないようにします。

　個人サークルの場合は、よりあてにしてしまう傾向が強くなるので、そうならないように全体を進捗させる方にリソースを使うようにします。

5.2.3　期待でスケジュールを作らない

　作業には、2種類の種類があります。ひとつ目の種類は、見積もりどおりの時間で終わらせることができる作業です。もうひとつの作業は、見積もりどおりに終わらない作業です。

　前者の作業は、作業を始める前から手順が決まっており、手順のとおりに進めればその作業で期待どおりの結果を得られます。後者の作業は、手順が確立されていなかったり、手順が確立していても再現性がなかったり、作業の手続きを進める度に情報を集める必要があったり、どう処理して良いか、都度、判断を必要としたりします。

　技術同人誌の制作活動は、後者に分類される作業です。そのため、計画を立てても計画した日程で完了しません。スケジュールをオーバーランするか、考えていた半分もアウトプットできていない、また後ろ髪を引かれる思いで仕方なく、次の作業に手を付けざるを得なかったりします。

バッファーを制作活動の全体で持つのは、後者の見積もりどおりに進まない作業のオーバーランを吸収するために必要だからです。

未経験の作業や定性的な性質を持っている作業は、見積もる人の期待でスケジュールを見積もらず、一定の係数を掛けて、作業の塊でバッファーを持つようにします。

5.3　スケジュールを作る

制作進行のために、スケジュールを作ります。技術同人誌の制作の作業が見積もりどおりにはいかないからといって、スケジュールを作成しないで作業を始めてしまっては、完成できるはずだった本も完成しないでイベント当日を迎えてしまう確率が高くなってしまいます。

大切な手続きを忘れてしまったり、チームでの分担する原稿の締切日を決めなければ、動くはずだった人も動かせません。そうならないためにも、スケジュールは必ず作成します。

スケジュールは、プロジェクト思考キャンバスの枠を単位として、作業に落とし込めるように分解します。スケジュールを作成するときには、プリミティブな作業を積み上げるのではなく、枠からトップダウンでざっくりとした程度に留めます。

5.3.1　ざっくりスケジュールを作る

スケジュール作りは、外部から制約を受ける計画的な性質と執筆という不確実性の高い特徴を踏まえ、ざっくりしたスケジュールのイメージを押さえるところから手をつけます。ざっくりスケジュール作りのイメージは、マイルストーンの間に執筆や準備の枠の作業を当てはめるようにします。

図 5.2: ざっくりスケジュール

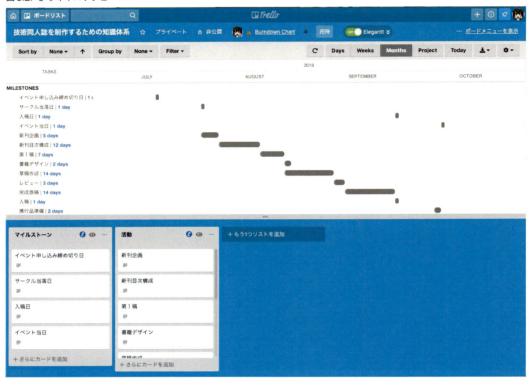

　スケジュールは、どれだけこと細かくスケジュールを作成しても、スケジュールどおりに進捗させることは不確実性の作業が主となるため、とても難しいです。ですから、不確実性の高いまま、緻密なスケジュールを作ることに力を注いだとしても、その結果に価値はありません。

　ざっくりスケジュールの枠の始めか終わりに、外部から制約条件として受け入れるマイルストーンや、サークル内で進行スケジュールをコントロールするために設けるマイルストーンを設定します。

　例えば、執筆では、下書き、草稿、最終原稿や表紙の装丁などの作業は、執筆する枠のサブセットの作業として捉え、枠の中でサークル内部のマイルストーンを設定し、そのマイルストーンに向かって作業を関連できるように紐づけます。

5.4　マイルストーン

　マイルストーンは、スケジュール上のキーになるタスクが完了していなければならない期日に設定します。

図 5.3: マイルストーン

　サークルが守らなければならないマイルストーンは、イベント主催者や印刷所の指定によって決められた期日です。ですから、外部から制約されるマイルストーンは公開されている情報を調べ、技術同人誌の執筆スケジュールにプロットします。

　設定するマイルストーンの名前は、期日に設定した活動が完了したことを認識できる名前にします。イベントの申込完了、イベント費用の振込完了、印刷所への入稿完了のようにします。

表 5.1: マイルストーン

	マイルストーン	内容
1	イベント参加申込完了	イベント参加申込の締め切り日は、申し込みを検討しているイベントの開催期間中に設定されていたり、イベント開催の数ヶ月後に設けられていたりします。イベントにより、募集期間のタイミングに違いがあるため、申し込み忘れがないように、主催者の公式ページで確認します。
2	サークル当落確認	当落を確認する日は、申し込み時に具体的な日にちが案内されます。申し込んだイベントの当落は、申し込みを行ったサイトのページか、電子メールで連絡が届きます。 当選した場合は、入稿スケジュールに従って制作スケジュールを進めます。
3	入稿の完了	印刷所で原稿を受け付ける最終の日です。完成原稿は、スケジュールの締め切り日までに入稿します。 印刷所で申し込みしたイベント向けのスケジュールが設定されてない場合は、印刷所の印刷パッケージで指定される、入稿から発送までの標準スケジュールを確認して、申し込みページから発注します。あらかじめ、印刷所の問い合わせのページや見積もり依頼のページで入稿期限の日確認しておくと確実です。
4	イベント当日	サークル参加する当日です。台風など荒天が予想されている場合でも、主催者の判断により開催するか判断されます。技術書典3では、台風と参議院選挙と技術書典のトリプルブッキングのイベントとなりましたが、決行となりました。

　サークル内部のマイルストーンは、外部のマイルストーンを完了させるために、必須となる作業をコントロールするために設定します。サークル内部のマイルストーンには、企画の決定、方針の決定、デザインの決定、執筆範囲の分担の合意、全ての原稿のレビュー完了、完成原稿の入稿完了などがあります。

5.4.1　作業日をカウントする

　ざっくりスケジュールといっても、成り行きで進めるわけには行きません。制作に関わる活動のために時間を確保します。活動の時間で成果を出すためには、纏まって作業のできる日を確保する

ことが必要です。纏まった時間は休日か祝日になることから、土日、祝日などの休日が入稿日までに何日あるかを確認します。

図5.4: 作業日をカウントする

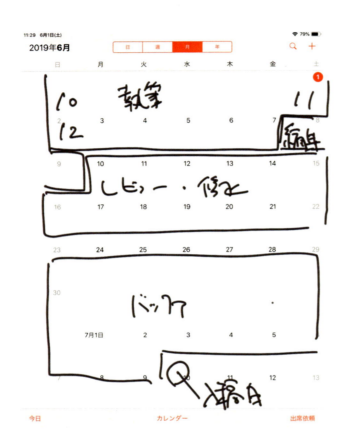

　入稿までの休日は、ほぼ全てを執筆、校正の時間に割り当てるようにします。イベント申込から入稿予定日まで8週間ある場合は、執筆に割り当てられる土日でどの程度の分量を書き切ることができるか、ベロシティを知る必要があります。執筆に割り当てられる纏まった時間を確保できそうもないときには、作業時間を確保するための何かしらの対策が必要です。

5.4.2　やったことのない作業の見積もり方法

　やったのことない、経験の少ない作業は、頭の中で考えるより多くの時間が掛かります。これは、未経験であったり経験が少ないことにより、手順を確かめながら作業をしたり、作業のインプットになるコンテンツやアイデアを考えながら作業するために起こります。

　執筆の始めでは、企画で想定したイメージどおりに書けるか、また最後まで書ききれるかを手探

りしながら書き進めることになります。執筆方法の確立までは、このように手戻りを伴います。

最後まで書けそうだと見切れたら、sprint0として目次構成の項レベルをひとつを対象に、執筆のスピードを計測します。この測定はあくまでも目安ですが、執筆を完了する予測精度を向上させるメトリクスとなります。

カウントした作業日で執筆できるかどうかの見極めは、sprint0での計測時間と、目次構成の章立ての数で導出します。企画の段階で、仮でも目次を用意するのは、スケジュールの作成でも利用するからです。

5.5　スケジュールと編集長

複数のメンバーのサークルの場合は、スケジュールのたたき台を作ったら、執筆などタスクを分担するメンバーと実現性について検討する場を設定します。このとき、メンバーとスケジュールに対する同じ価値観を持って確認しなければなりません。

特に、外部から制約されるマイルストーンについては、サークルにとっても重要です。そのマイルストーンに関連するタスクを終わらせることに対する理解は、メンバーのコミットに影響するため、このプロセスは大切になります。

5.5.1　進捗を管理しない

ざっくりでもスケジュールを作成すると、スケジュールの予実を確認し、進捗が遅れているタスクを洗い出したくなります。遅れていれば、スケジュールを取り戻したくなり、タスクを担当するメンバーに圧を掛けたくなります。

サークル活動は、あくまでも同じ技術が好きなエンジニアの集まりで、活動に関わるメンバーが主体的に取り組むものです。使ってしまった時間のリソースに対して、あれこれ言っても取り返しはつきません。

編集長がしなければならないことは、如何にしてマイルストーンに向けて、関連するタスクを完了させていくかに全力を投じることです。

5.5.2　お互いに期待を伝える

ざっくりスケジュールを共有して、作業を分担して夫々がタスクを始めると、そのタスクで進捗上の障害が発生したり、仕事や私生活で執筆を妨げることがいくつも起きます。

困ったときに相談できる関係の場の醸成は、サークルのメンバー全員で担わなければなりません。その場を用意するのは編集長の仕事です。

サークルの場で相談できないメンバーが進捗上の障害を抱えたままでいると、進捗の妨げになります。このような自体が問題として現れるのは、マイルストーン直前です。

望まない状況にしないためにも、サークル内での場作りはもちろん、一人ひとりのメンバーへ期待していることを明確で解釈に困らない言葉を選び、伝えてください。

第6章 技術同人誌の装丁

　この章では、技術同人誌の外観を構成する要素について解説します。はじめに、印刷所に入稿する原稿データの種類について説明します。

図6.1: 装丁

　表紙データは、本の本体の表紙と裏表紙のデータです。本文データは、表紙を除いた本の中身全てのデータです。表紙をめくった後の扉から裏表紙前の奥付までになります。カバーデータは、商業誌のようにカバーをオプションで付ける場合のデータです。

　本章では、本文に当たる中身の構造と基本構成、ページレイアウト、表紙と本文のデザインについて説明します。

6.1 完成原稿

　印刷所では原稿のデータを入稿する際に『完成原稿』で入稿するように指定されます。完成原稿とは、印刷所で手直しをする必要のない原稿です。完成原稿を入稿する場合、入稿データは表紙データと本文データのふたつのファイルになります。カバーを付ける場合は、カバーデータを含め3つ

のファイルになります。

図6.2: 完成原稿（カバー・表紙・本文）

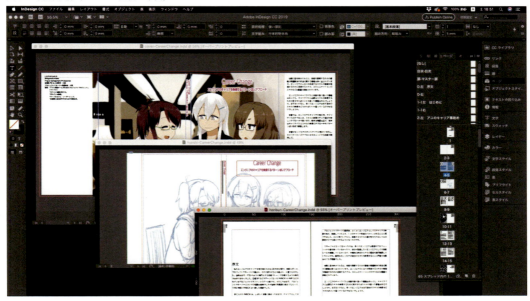

　技術同人誌の表紙と裏表紙のデザインで構成する表紙データは、表紙の表1とその裏に当たる表2、背表紙、裏表紙に当たる表4と裏表紙の内側に当たる表3で構成されます（ただし、表1の裏側にあたる表3と表4の内側にあたる表4を使う例は少ないです）。背表紙の幅は、印刷仕様で選ぶ紙の厚さと本文ページの総ページ数で求めます。具体的な幅の計算方法については、印刷を発注する印刷会社のページで確認します。

　本文データは、表紙データの表紙と裏表紙を除いた本文のページ全てです。最初のページは扉で、最後のページには奥付を配置します。

図6.3: 本文データ

6.1.1 表紙データ

表紙のデータは、おもて側に当たる（表1）表紙、本の厚みを利用してタイトルを表示する背表紙、裏表紙（表4）で構成します。表1の裏側（表2）と表4の内側（表3）に印刷する場合は、表2と表3のデータも必要になります。

表6.1: 表紙データの構成

	種類	内容
1	表1	表紙です。本の顔になります。購入者は表紙デザインでジャケ買いするケースもあります。
2	表2	表紙の裏面に当たります。表2へ印刷することはレアケースです。
3	背表紙	本棚に収納した際に書籍名がわかるように書名と執筆者名を記載します。
4	表3	裏表紙の内側に当たります。表3へ印刷することはレアケースです。
5	表4	裏表紙です。

次に示す図の表紙データは、向かって左から裏表紙（表4）、背表紙、表紙（表1）のデータで構成しています。表1が右側に配置されているのは、書籍を製本した際に左側を綴じて右手からページをめくる構造になっているためです。

図 6.4: 表紙データ

6.1.2 本文データ

本文データは本の中身で、表2の次のページから表3の前までのページに割り当てるデータです。本文データには、本扉（ほんとびら）、目次、中扉（なかとびら）、文章のページで構成[1]します。

表 6.2: 本文データのページの種類

	種類	内容
1	本扉	書籍の中身の最初のページです。書籍のタイトル、著者、発行元を記載します。
2	序文	書籍の世界に読者を誘うガイドに相当します。
3	目次	書籍の構造とページ数を記載します。
4	中扉	書籍の章立てを区切るページです。
5	文章	書籍のコンテンツです。
6	索引	本文に記載のある項目・人名・用語を書き出して、アルファベット順や五十音順などに並べ、記載しているページを探しやすくするためのページです。

本扉は、表紙をめくったあと最初に目に入るページです。本の中身のはじめのページになるため、書籍のタイトル、著者、発行元を明記します。

---

1. 出典　新潮社のサイトに本の部位の詳しい解説があります。『本づくりの基礎知識』　http://www.shinchosha.co.jp/tosho/book_basic.html

図 6.5: 本扉

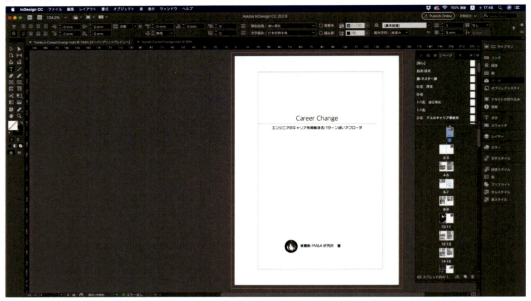

　序文は、書籍化した背景、狙い、問題提起、対象読者など著者の書籍に対する思いを記し、読み手にメッセージを訴える役割があります。

図 6.6: 対象読者

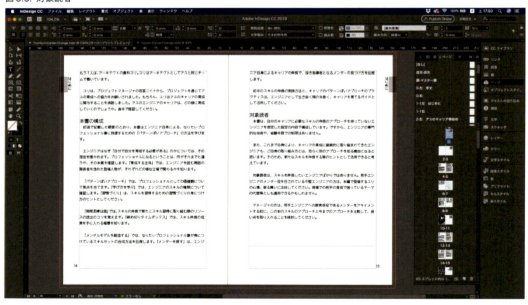

　対象読者では、書籍の対象読者を明確にすることで前提とする知識の有無、書籍への接し方、書籍を読み終わった後に得られる期待値を設定します。さらに、書籍の大まかな構造を記載すると読者が書籍の中で道筋をつけることができるようになります。

本文の中で執筆者が注意を払って表記を分別している場合は、ここで説明をしておきます。寄稿を掲載している場合は、謝辞を述べるには最適な場所です。

　目次は、書籍の構成を読書に知らせる道標の役を担います。中扉は、章節項の区切りとなる章のタイトルを記載したページです。

図6.7: 目次

　文章は、技術同人誌のメインコンテンツです。読者に伝えたいことを順序立てて、コンテンツを体系立てて記述します。読者の理解を助けるために、例示を適宜差し込みます。コンテンツから読者に問いかけをすることで、読者の考えを整理させたり、理解の状況を確認することもできます。

図 6.8: 本文

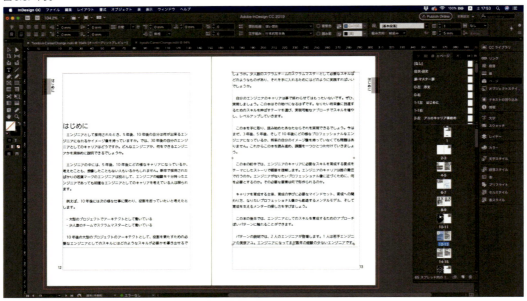

索引は、本文に記載のある項目・人名・用語を書き出して、アルファベット順や五十音順などに並べ、記載しているページを探しやすくするためのページです。

技術同人誌では、索引を入れるケースはほどんどありません。

図 6.9: 索引

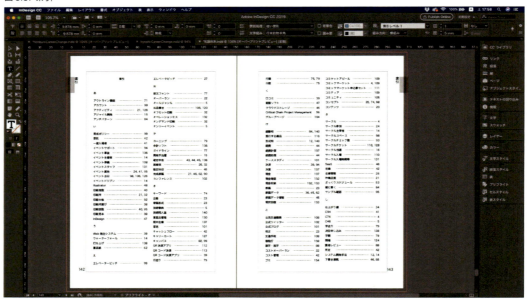

奥付は、本の発行者であるサークル名、執筆者名と発行者の連絡先（連絡の取れるソーシャルネットワークのアカウントやブログの URL）を記載します。また、書籍名の他に、発行年月日、印刷所

名などを記載します。印刷所名の表記は、印刷所で指定がありますので、表記を間違えないようにします。

図 6.10: 奥付

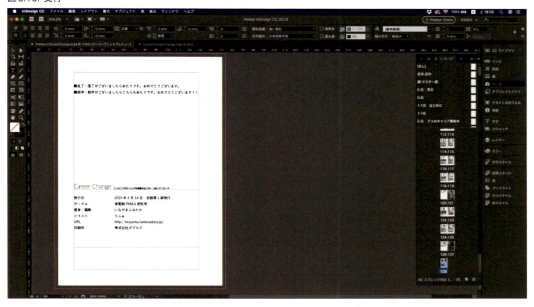

6.1.3　カバーデータ

　カバーデータは、本を文字どおり包み込む、装飾を施したカバーのデータです。印刷所では、カバーはオプション扱いで、別料金が掛かります。ほとんどの技術同人誌では、カバーを付けません。
　カバーデータは、左から表4の折り返し部分、表4、背表紙、表1、表1の折り返しで構成します。カバーを付ける場合、折り返し部分にも文章や図を掲載することができます。既刊の案内や要約など、折り返し部分の利用方法は様々です。
　カバーデータのデザインは、表紙データと同じにすることもできますが、カバーを光沢、表紙をマット仕様にしたり、ラフデザインに変更するなど、カバーデザインと表紙デザインの印刷仕様を変えて、遊びを入れることができます。

図 6.11: カバーと表紙を変える

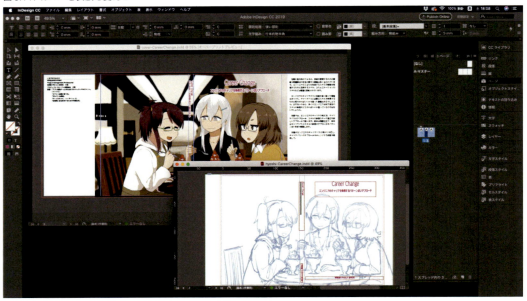

6.2 本の構造

この節では、書籍の物理的な構造、ページレイアウトおよびデザインについて記述します。本の綴じる向き、とじる方法、企画で目次を作成するときに編集しやすいツール、ページのレイアウト、表紙のデザイン、本文のデザインでテンプレートを利用するメリット、フォントの設定、ページで出てくる用語と設定できる内容を説明します。

6.2.1 とじ方向

とじ方向は、印刷した原稿を綴じる方向が、表紙に向かって左右のどちらの位置かを示します。

表 6.3: とじ方向

	とじ方向	内容
1	左とじ	横書きの場合は、左とじ。技術書、洋書など。
2	右とじ	縦書きの場合は、右とじ。小説、コミックなど。

技術書など、文章を横書きで書く本は左とじ、小説やマンガのセリフなど文章が縦書きの場合は右とじです。

図 6.12: 左とじ

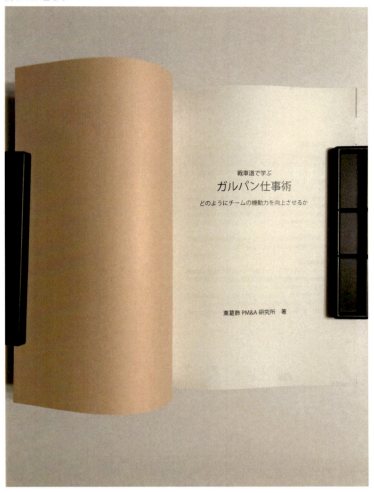

　とじ方向が左とじの場合は、表紙を右手側から左手側に捲る動作をすることでページを捲ります。右とじの場合は、逆に左手側から右手側に捲ります。

図6.13: 右とじ

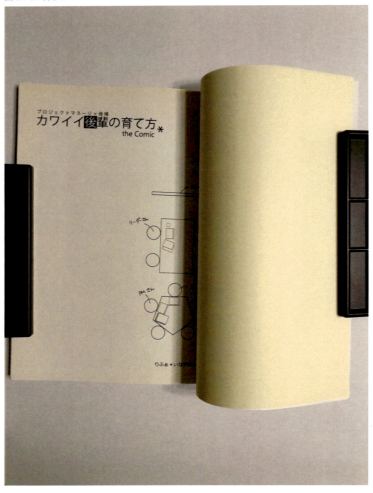

6.2.2 とじ方

とじ方とは、とじ方向の綴じる方法です。とじ方には、次表の2種類があります。

表6.4: とじ方

	とじ方	内容
1	平とじ	平とじは、『のり』を使用し、製本します。 ノド側（本の内側）をのりで貼り付けるため、ページは完全に開きません。 ページ数の多い本に向いています。
2	中とじ	中とじ（針金とじ）は、用紙を中央で折り、針金で留めて製本します。 平とじと違い、ノド側（本の内側）が全て見える状態になります。 中とじでは、印刷時の厚さの上限を設けている場合があります。原稿のページ数が多い場合は、印刷所で対応できるか確認をしてください。

平とじは、『のどの余白』の部分を綴じ代として留めるため、ページ数が多くても製本できます。『のどの余白』を留めるため、書籍を読む際に、左右のページを平らに広げることは出来ません。

　中とじは、二つ折りした紙の折り目の部分を針金で留める方法です。ページの少ないマンガ、小冊子、コピー本は、中とじに向いています。

　中とじは、ページを平らに開き切れるため、『のどの余白』の幅を狭くすると版面に多くの情報を記載することができます。

図6.14: 中とじ

　中とじは、二つ折りした用紙の折り目に針金をステープルする構造のため、経年で針金が錆びるデメリットがあります。

6.3　目次

　目次では、書籍の各ページに割り付ける原稿の配置や、全体のページ数を把握することを目的として説明します。先に述べた本文データの文章に、企画の段階で仮として作成した章節項を割り当て、本のページの割り当てを行うことで、本の総ページ数を把握します。

　目次は、執筆を進めると必ずと言っていいほど変わっていきます。装丁の段階では、仮組みとして本のページ数を掴めれば十分です。規模感を掴めると、印刷所で用意している標準的な仕様での金額感を確認することができます。

6.3.1 目次作成ツール

企画で仮として作成した目次を眺め直すと、目次の標題を直したくなります。目次を再考するときには、場所を入れ替えたり、途中に追加をしたくなるものです。目次を編集するツールには、テキストエディター、マインドマップ、またはMicorsoft Office（Word/Powerpoint）のアウトライン機能などを使うと編集しやすいです。

テキストエディターを使用して目次の標題を切り貼りすることもできますが、インデントで階層構造を表現したり、スタイルを適用し直したりすることの手間は、意外と負担になります。標題をドラッグ＆ドロップでダイレクトに操作できると、より目次構成の見直しに集中することができます。

図6.15: マインドマップ

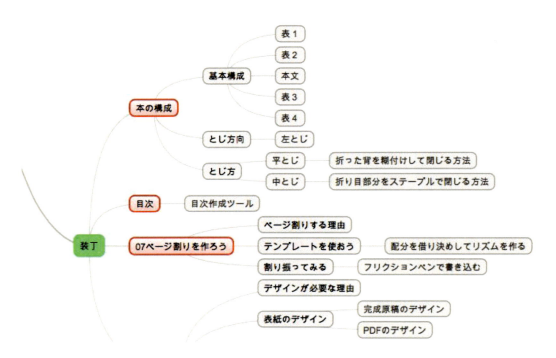

その点でマインドマップは、目次の章節項の構造や順番を直感的に操作できます。

6.3.2 仮でも目次構成を決めてから始める

企画の段階から、仮でも目次構成を決めておくことで、技術同人誌で取り扱うコンテンツを目次の標題をベースに、リアリティーを持ってイメージアップすることが始められる様になります。

目次構成から、執筆しようとしている書籍の完成イメージを想像することで、頭の中で構想している書籍を書ききれそうか、書きたい内容や伝えたいメッセージを伝えられそうか、あたりをつけられるようになります。

仮の目次構成は目次の見直しに繋がりますが、仮でも目次を作ることは結果的に書こうとしてい

る本について、具体的に何を書くかを考える機会になります。

　それによりコンテンツの抜け漏れを発見したり、テーマとして取り上げる技術的な範囲や深さを見直したり、目次の粒度やバランスの調整に結びつきます。

　章節項のレベルごとの粒度を揃えることは、読者にとって読みやすいリズムをもたらすため、読みやすい体験の提供にも繋がります。

6.4　ページレイアウト

　ページレイアウトでは、ページレイアウト用のテンプレートを用いて、本文データの割り付けにより、ページレベルで総ページ数を確認したり、扉や余白ページの調整を行います。

6.4.1　ページレイアウト用テンプレートを使用する

　本文データのページレイアウトの全体の把握をよりイメージしやすくするために、ページレイアウト用のテンプレートを使用します。

図6.16: ページレイアウト用テンプレート

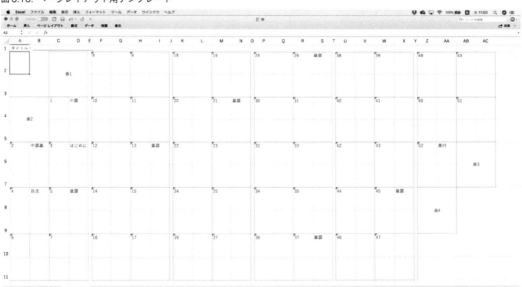

　ページレイアウト用テンプレートに、技術同人誌で作成する予定の本文データの構成、つまり本扉や目次などの各種ページと章節項の本文のスペースを想定しながら割り当てていきます。ページレイアウト用テンプレートに書き込むことにより、全体感を掴んだり、総ページを把握します。

　初めて本を執筆する場合や、体裁を新規にデザインする場合は、目次構成を決めただけでは全体感を掴み取ることは難しいものです。ページレイアウト用テンプレートに章の扉を書き込むだけでも、章ごとにどれだけの文書を書かなければばらないか、感覚的に掴めるようになります。

6.4.2 ページを割り振る

　ページレイアウト用テンプレートに目次構成を割り当てるときには、テンプレートに直接、手書きで書き込む方が手軽に始められます。

図6.17: ページ割り振り

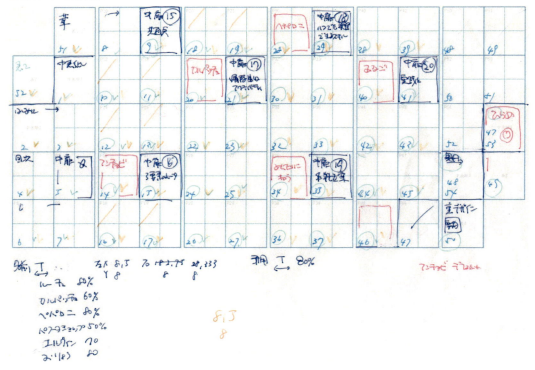

　ページレイアウト用テンプレートに手書きでレイアウトを書き込むときは、カラフルなインクのフリクションペンが便利です。フリクションペンで、章立てや図表の差し込む場所の色を変えて描き込むことにより、全体感を俯瞰しながら視覚的に、執筆する原稿の分量を掴むことができます。

　ページレイアウト用テンプレートを使用すると、全体のページの中で目次の項番の本文は2ページ書けばいいとか、図表をページ毎にふたつ入れるので本文は1ページの半分くらいの説明で良さそうだ、などの目安をつけられるようになります。

　分量の目安を持つことは、執筆のゴールを具体的にする効果があります。これにより、執筆の作業をより具体的に捉えることができるようになり、執筆の計画を立て易くなります。

6.4.3 ページ数の調整

　製本は、印刷した紙を折り曲げ、綴じて製本し、断ち切りで裁断すると、日頃の見慣れた本の形になります。このとき、ページ数が奇数だったり、とじ方に合わないページ数だったりすると、製本で困った事態になります。印刷できない場合は印刷所から確認の問い合わせが入る場合もありますが、割り当てがおかしいのであれば、そのまま印刷されてしまうかもしれません。

本文データをページレイアウト用テンプレートに割り付けるときは、ページ数が4の倍数になるように本文データを調整します。4の倍数になっているのは、1枚の紙の左右に1枚ずつ割り付け、それを表裏に印刷するためです。

平とじの場合は、背表紙を糊付けでとめるため2ページの倍数でも印刷を発注することは可能ですが、料金は4ページの倍数で設定されています。中とじは、のどの位置にステープルして固定するため、4ページの倍数である必要があります。

6.5　表紙のデザイン

表紙のデザインでは、特に著者が伝えたい技術同人誌のコンセプトであるタイトルを表記します。書籍で取り上げるキーコンセプトとなる『キーワード』を選び、そのキーワードを表現することで書籍のイメージを作り上げていきます。

キーワードのイメージ作りのために、表紙の色、イラストや写真などの素材、文字（デザイン性のあるフォント選び）などをレイアウトし、表紙のデザインを洗練させ、仕上げます。

本のタイトル、サブタイトルの文字は見易く、わかりやすいフォントを選びます。タイトルやサブタイトルの背景にイラストや写真を入れる場合は、タイトルやサブタイトルの背景に埋没してしまわないように、文字に縁取りをするなどの装飾をします。

図6.18: 表紙デザイン

　タイトルの背景が込み入ってタイトルが見づらいと、対象のセグメントの読者が関心を持っているコンテンツを扱っていたとしても、読者の印象に残らないこともあります。想定する読み手が識別しやすいデザインを採用します。

　イベントでは、同じジャンルの多くのサークルが、会場に所狭しと配置されます。想定する読者のセグメントからすれば、まさに一期一会の状態です。そのような中で、周囲の技術書に埋没せず、読者のセグメントの印象に引っかかるデザインにすることも、ひとつのポイントです。

6.6　本文のデザイン

　本文のデザインでは、本文ページの中で、書体（フォント）の種類、文章や標題で使い分ける文字サイズ、行数、行間、文字間、余白などをデザインします。手持ちの技術書を前述の視点（レイ

アウト、フォント、文字サイズなど）で見直すと、読み易さが考慮されているポイントが、多々あることを確かめられます。

　段落、章節項のデザインや本文のフォントの指定などは、組版機能を持った編集ツールであればマスターページの機能を利用することで、ページの種類に合わせたページデザインを設定することができます。

図6.19: マスターページ

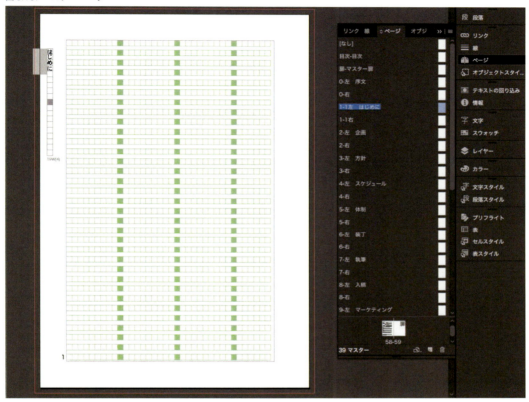

　マスターページを使うことで、気にする様なこともなくなるため、手戻りを防止することができます。

6.6.1　フォント

　フォント（書体）は、文字を表現するために欠かすことはできない、重要なデザインの要素です。身近にある技術書や日常の生活環境を改めて見渡すと、様々なフォントが使用されていることを認識できます。

　フォントは、技術同人誌のコンテンツの目的や期待する効果に応じて選択します。編集者が伝えようとするコンテンツの意図を表現するフォントを使用することで、読み手に伝えたいメッセージを表現します。

図 6.20: フォント設定

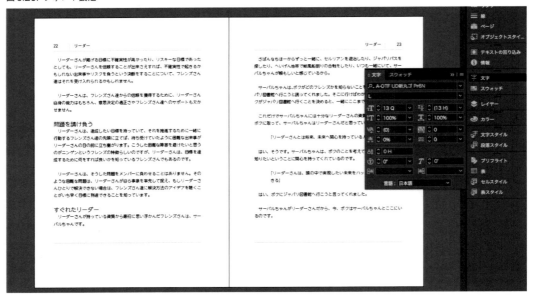

　フォントは、読み手が書籍を読み続けるかどうかを判断する一つの要因となるものです。フォントの選択はもちろん、フォントサイズや文字間も同じように読み手に影響を与えます。読みやすさ、読み続けやすさを基準に選択してください。

6.6.2　フォントの種類

　フォントには、漢字・仮名を含む『和文フォント』とアルファベットの『欧文フォント』があります。組版機能を持った編集ツールには、標準で組み込まれているフォントが数多くあります。

　組版ソフトに標準的に組み込まれているフォント以外に、フォント単体として有償[1]または無償で入手でき、技術同人誌で利用可能なライセンスのフォントもあります。

　無償のフォントには、フォントを利用するときのガイドライン（商業目的では使用できないなど）が提示されているケースもありますので、利用前に確認をしてください。

---

2. 参考　adobe Typekit や Fontworks の mojimo などでフォントを扱っています。　adobe Typekit　https://typekit.com/?locale=ja-JP　Fontworks mojimo　https://mojimo.jp/

図6.21: フォントリスト

フォントは、原稿データとしてPDFファイルに変換する際に、フォントをPDFファイルに組み込む必要があります。

フォントの組み込みを行うのは、印刷所で使用するPC環境に原稿データで使ったフォントがない場合にフォントを引き当てできず、印刷所のPCのソフトウェアが自動的に割り当てる代替フォントで印刷されてしまう事故を防止するためです。

6.7 ページデザイン

ページデザインでは、本文のページに共通して配置する本文各部のパーツを説明します。

図6.22: ページデザインの用語

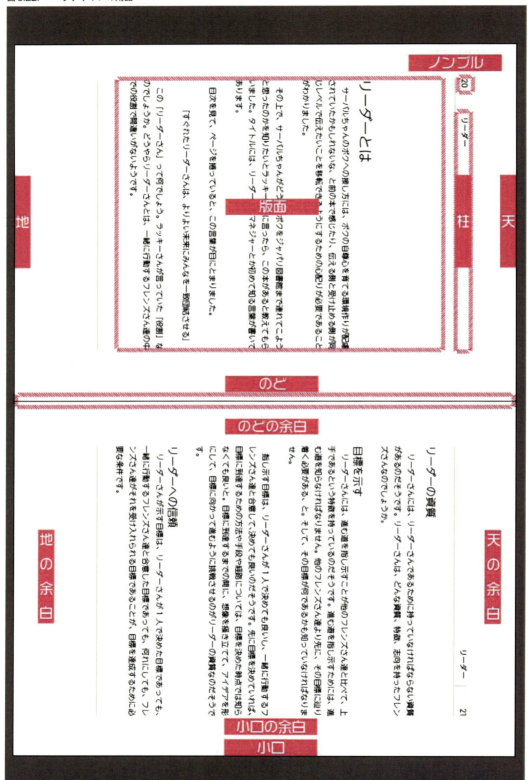

6.7.1 版面（はんづら）

　版面は、本文を配置するエリアです。この範囲に本文のコンテンツ（文章、図表）を収めます。版面の中にも、段（通常の1段を原稿の量により、2段組などにする）や段間など、デザインの取り方により設定するパーツが増えていきます。

6.7.2 柱

　柱は、ページ単位に表記する章の標題を記載します。

表6.5: ページデザイン

	用語	内容
1	版面（はんづら）	本文を印刷するエリアです。
2	柱	章の標題を表記します。表記位置は、天、小口、地のどこでも構いません。
3	ノンブル	本文のページを表記します。表記位置は、柱と同じように天、小口、地のどこでも構いません。
4	字間	ふたつの文字の外枠の間隔です。
5	字送り	文字の中心から次の文字の中心までの間隔です。使用する単位は『歯（H)』で0.25mmです。
6	行間	ふたつの行の間隔です。
7	行送り	字の中心から次の字の中心までの距離を指します。単位は『歯（H)』です。

6.7.3 ノンブル

　ノンブルとは、ページ番号です。フランス語です。印刷所によっては、余白ページにもノンブルを入れる必要があるケースがあります。その場合は、のどに近い部分にノンブルを入れて対応することも必要です。

6.7.4 字間と字送り

　字間（カーニング）とは、ふたつの文字の外枠の間隔です。字送りとは、文字の中心から次の文字の中心までの間隔です。カーニングは特定の文字の組み合わせで行います。

図 6.23: 行送りと字送り

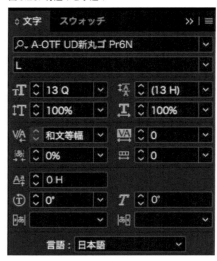

6.7.5 行間と行送り

行間はふたつの行の間隔です。行送りは、横書きであれば文字の下から次の行の文字の下までの距離を指します。

第7章 技術同人誌の執筆

この章では、技術同人誌を執筆する際の進め方やマインドセットについて説明します。初めての執筆もしくは執筆の経験の少ない執筆者がこの章を読み終えたとき、自身で自分のライティングスタイルを見つけられていることを期待しています。

図7.1: 執筆

また、執筆の進捗を妨げる障害に出会ったときに、独力で障害を乗り越えるばかりではなく、回避方法も見つけられるようになれることも期待しています。

7.1 実力を知ることから始める

初めて執筆する、または、まだ数回しか執筆経験しかない執筆者は、自分なら書けてしまうだろうと自分に甘い査定をしてしまいがちです。この事象をどこかで聞いたり、体験したことありませんか。そう、仕事でのタスクの見積もりと同じです。

未経験のタスクの手順を確立しているわけでも、期限までに完成できるほど回数をこなしたわけでもないのに、裏付けのない根拠で出来ると思ってしまうのは、経験が少ないからこそ陥ってしま

う思考の罠です。

　仕事ならば、プロジェクトマネージャーやチームのリーダーからタスクの進捗状況をトレースされるため、なんとかやり切らざるを得ないものです。しかし、執筆では進捗状況を小まめにトレースしてくれる人はいません。執筆する自分の自律心との戦いになります。

　経験が少ないにも関わらず出来るだろうと思い込むことは、自分の文章を書く能力を適切に把握できていないために、そのような事態を自ら招いてしまっているのです。自分の能力を知っていれば、タスクを始める前に実現可能なスケジュールを引いたり、スコープの調整を検討をするでしょう。

　仕事では、形式知で知識を得たり、実務で経験をすることで実践知を積み上げてスキルを身に付けます。スキルの身に付け方は十人十色で、エンジニアごとに違います。

　同じように、執筆のスキルも自分の執筆スタイルを手探りで見つけながら伸長していきます。そのときどきの執筆の能力を把握するためには、執筆の実力を測ることも必要です。

7.2　Sprint0（ゼロ）をする

　企画のエレベーターピッチと、キャンバスで整理した本のコンセプトをベースに、作成した目次の中からひとつの項番を選び、執筆します。ここで重要なのは、とにかくすぐに書き始めることです。

　原稿を書き始めるときに、選択したひとつの項番を書き始める開始時刻と書き終わった終了時刻を記録します。この記録により、項番単位での執筆時間、文字数を参考の数字として知ることができます。

　執筆した時間を計測するのは、執筆で計測した時間と章節項の数の合計を掛け合わせることで、書き終える見込みの時期をひとつの目安として、とても大雑把ですが把握することが出来るからです。

図7.2: 下書き原稿

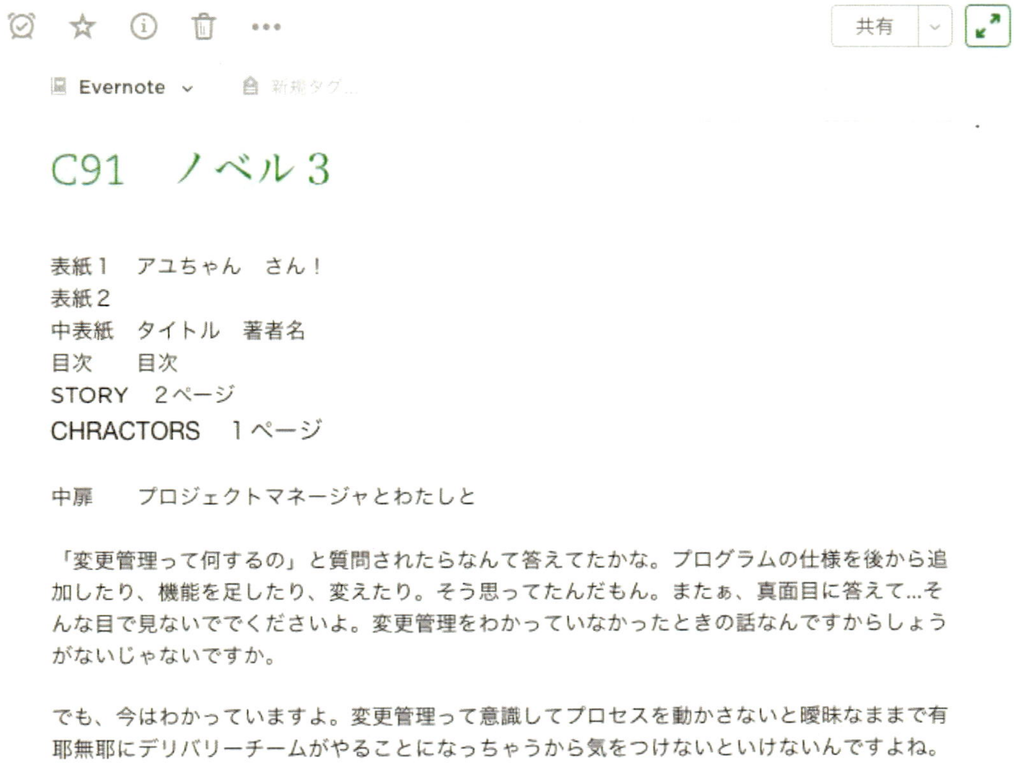

C91　ノベル3

表紙1　アユちゃん　さん！
表紙2
中表紙　タイトル　著者名
目次　目次
STORY　2ページ
CHRACTORS　1ページ

中扉　プロジェクトマネージャとわたしと

「変更管理って何するの」と質問されたらなんて答えてたかな。プログラムの仕様を後から追加したり、機能を足したり、変えたり。そう思ってたんだもん。まぁ、真面目に答えて…そんな目で見ないででくださいよ。変更管理をわかっていなかったときの話なんですからしょうがないじゃないですか。

でも、今はわかっていますよ。変更管理って意識してプロセスを動かさないと曖昧なままで有耶無耶にデリバリーチームがやることになっちゃうから気をつけないといけないんですよね。

ひとつの項番を書くのに1時間掛かった場合、目次構成の章節項の数が20あれば、下書きレベルで最低限20時間は必要と言うことになります。計測した原稿は下書きレベルですから、完成度をあげる時間と完成原稿に仕上げる時間を足して、全体の執筆作業の完了に最低限必要になりそうな時間の見通しを立てます。

ただし、この時点での完成の見通しは、不確実性が大き過ぎるため、参考程度に留めます。

7.3　雑に書く

執筆に慣れていないうちは試行錯誤しながら書くため、1時間前に書いたところを見直したり、気になる表現を何度も書き直して、すぐに進捗がスタックしてしまいます。これは、書き始めた本の文体や、書きっぷりが定まっていないために起きる現象です。

この現象が起きると、何度も書き直したり、無意識に高品質な文章を求め始めます。無意識のうちに悪いループに入り込み、気が付いた頃には進捗が行き詰っています。

抜けにくいループに嵌ってしまうのは、原稿を書くときにどのレベルで書くかの基準を持たずに書き始めてしまうからです。

書く基準のレベルになれるために、草稿より低いレベルであっても、一度書き切るためには、執筆者の書くことに対する心理的なハードルを下げる必要があります。とにかく、最初の原稿を書く

ときには『雑に書く』ことを強くお勧めします。企画で仮に決めた目次構成の章節項を雑に書き始めて、最後まで書き切ってください。

書くことに慣れてきたり、チュートリアルのように手順を書く場合は、目次構成の順番で書き始めてもこの事象は起きないでしょう。それでも執筆に当てる時間は、書き切れると見積もった時間の何倍も必要になるため、十二分に書く時間を確保して臨んでください。

途中で終わりが見えなくなり、不安を感じ、次第にストレスから執筆自体のペースが落ちてしまったら、1〜2行程度の『さらに雑に書く』ことを試してみてください。

『雑に書く』スタイルを取っていれば、執筆の当初に書き始めた表現の仕方が合わないことが途中でわかっても、結果的に上手く行かない表現を早く知ることができるので、書き直しに対する心理的なダメージは少なくて済みます。

執筆を経験して初めてわかる点として、書き終えるまで何を書こうとしているのか、執筆する本人もわからないということがあります。これは、プロダクトを実際に作ってみないと、それが欲しいものか、価値を持っているものかの判断がつかない、というプロダクトマネージメントと同じ性質を持っていることに気づくでしょう。

7.4　実績を測る

執筆に慣れ、自分の書くスピードを感覚で掴めるようになるまでは、どのくらいの時間を確保すれば書き切れるか、作業の完了を予測することは難しいものです。

しかし、予測することは難しい、としたままで放置することは、締め切り間近までスケジュールの問題を先送りしているにすぎません。これを回避するために、目次の一部を書く際に執筆の時間を計測することで、締め切りまでに書く時間が十分取れそうかを粗く予測します。

まず、目次の一部を計測することをSprint0として、執筆の時間を計測します。Sprint0として計測した実績は、サンプル数＝1でしかありませんが、実績の時間を計測することで、ひと通り書き終わった状態の原稿が出来上がる時期の予測値とします。

Spring0で計測した執筆時間と目次構成の数を掛けることで、最後まで書き切るための時間をおおよそ把握することができます。草稿レベルであればそのあと何度か校正をすることになります。その時間を含めて、執筆に当てる時間を確保します。ただし、粗い予測値ですから、精度は期待しません。

7.5　執筆する時間を確保する

sprint0でひとつの項を書く時間の実績を把握できたら、最後の目次まで書き終えられる時間を確保します。技術同人誌を書くために充てられる時間帯は、平日の早朝や夜間、土日の週末、祝日及び有給休暇だけに限られます。

図 7.3: 執筆可能時間帯

執筆可能時間帯

	日	月	火	水	木	金	土
24:00 9:00	就寝 起床 執筆可能時間帯 食事 支度	就寝 起床 執筆可能時間帯 食事・支度 出勤	就寝 起床 執筆可能時間帯 食事・支度 出勤	就寝 起床 執筆可能時間帯 食事・支度 出勤	就寝 起床 執筆可能時間帯 食事・支度 出勤	就寝 起床 執筆可能時間帯 食事・支度 出勤	就寝 起床 執筆可能時間帯 食事 支度
9:00 17:30	執筆可能時間帯	主たる所得を 得る仕事	主たる所得を 得る仕事	主たる所得を 得る仕事	主たる所得を 得る仕事	主たる所得を 得る仕事	執筆可能時間帯
17:30 24:00	食事 執筆可能時間帯 ： ： 就寝	退勤 食事 家事 執筆可能時間 就寝	退勤 食事 家事 執筆可能時間 就寝	退勤 食事 家事 執筆可能時間 就寝	退勤 食事 家事 執筆可能時間 就寝	退勤 食事 家事 執筆可能時間 就寝	食事 執筆可能時間帯 ： ： 就寝

　平日の早朝、夜間、休日は睡眠時間のほか、元々は家事や雑務や趣味で使っていた時間です。それらに使っていた時間は、ある程度まとめた塊にして、執筆する時間に引き渡さなければなりません。

　まず、1週間の時間の使い方を棚卸して、どこで時間を執筆時間の枠に充てられるかを決定します。

7.5.1　平日

　平日の日中は、主たる所得を得る事業に時間を提供しているので、それ以外の時間を割り当てることになります。先に述べたとおり、割り当てられる時間は早朝か夜間となります。どちらかを選ぶか、または両方にするかは、ライフスタイルで選びます。

　執筆する時間が足らないからといって睡眠時間を削ってしまうと、日中の主たる事業の業務にマイナスの影響を与えていまします。それは、まわりまわって執筆の効率を落とすことになるので、睡眠時間は必ず確保するようにします。

7.5.2　週末

　土日の週末は、執筆をする時間の塊として枠を確保しやすいです。この週末のチャンクとなった時間のリソースは、とても貴重です。家事や雑務などは、執筆の合間の気分転換として片付けるように段取りし、執筆のリズムを作ります。

7.5.3　有給休暇

　有給休暇が余っていて業務調整が可能であるなら、有給を取得して執筆する時間に充てることもできます。特に締め切り前は、有給の取得による執筆時間の確保を一つの候補として持っておくと、いざという時に、柔軟にスケジュールを組み立てられるようになります。

第7章　技術同人誌の執筆

7.5.4 執筆の開始時期を前倒しする

1週間で確保できる執筆時間は限られるため、見積もった執筆に必要な時間が確保できないケースもあります。スケジュールを作成する際には、入稿締め切り日から前にスケジュールを引いて、執筆時間を確保するようにします。

執筆開始時期は、着手を考えた時期のひと月程度早めに設定することが、より安全に執筆の時間を確保するコツです。

7.6 気をつけたい文章表現

技術同人誌を書く際に気をつけたいことのひとつに、わかりやす表現で文章を書くことです。分かりやすく表現するために、回りくどい表現や言葉足らずな表現がないかを校正で確認します。テーマを設定しなが校正を行うと、見つけやすくなります。書くことと校正を繰り返すことにより、実践知を蓄積できるようになると、執筆で接続助詞などの言葉選びに困らなくなったり、分かりやすい表現で書けるようになります。

7.6.1 長い文章の例

『技術書典から技術同人誌を書き始めたエンジニアが技術書典のノリでコミケにサークル参加すると、一般参加者の人数の多さに驚かされる一方、期待していた頒布数との違いにがっくりして仕舞いがちだ。コミケは一般参加者の総数は多いが技術書典のようなオンリーサークルイベントではないことを知らないとエンゲージメントの考慮を忘れてしまう』

ひとつの文章が3行を超える場合、読み手にとっては、読みづらい文章になっていると捉えてください。長い文章は、いくつもの意味合いを持っているためにわかりにくい、『てにをは』が適切でない、句読点がない、などの症状を持っている可能性があります。

7.6.2 句読点の例

『彼は目を逸らして咎めるリーダーの話を聞き流していた』

この例文は、ふたつの解釈をすることができます。ひとつは、『彼が』目を逸らして咎めるリーダーの話を聞いていたと解釈するケースです。もうひとつは、『彼は目を逸らして』咎めるリーダーの話を聞いたとするケースです。

この例文の曖昧さは、句読点を『彼は、目を逸らして咎める』か『彼は目を逸らして、咎める』と打つことで補うことができます。

7.6.3 『が』の使い方の例

『スクラムを採用しているが、タスクのアサインは各人でするべきだ』

接続助詞の『が』は、確定の逆接、単純な接続、並列の関係を表現できます。ただ、一般的に『が』の後には逆接を期待します。逆接でない表現をする場合は、他の接続助詞を選択することも候補に入れます。

文章を作成することに慣れていないと、『が』を『〜が、〜である』という表現で使ってしまいます。『〜が、〜である』という文章構造になったら、文章を分割するか、『が』を別の言葉に置き換えるようにします。

7.6.4 『することが出来る』の使い方

『彼女はプロジェクトをマネージすることが出来る』

『可能である』ことを表現するため、ついつい使いがちです。この表現を多用すると、文書は冗長になってしまいます。例文では、彼女はプロジェクトをマネージするスキルを持っていることについて、推測自体をすることは難しくありません。しかし、『彼女はプロジェクトをマネージ出来る』で、十分、意味は通じます。

文章を創作しながらタイピングをしてると、思いつくまま、複数の文章をつなぎ合わせてしまいます。自分では分かり易く書いているつもりでも、文章が絡み合い、くどい表現になってしまっていることが度々あります。

文章表現は、シンプルになるように見直します。

7.7　レビュー

『技術同人誌でレビューを?』と思うかもしれません。誤字・脱字、てにをは、本文の内容、さらに目次構成が読者に伝わりやすいか、などの観点でレビューを受けることは、企画で設定した技術同人誌が備えていなければならない性質を確認する機会に繋がります。レビューには、メリットしかありません。

技術同人誌であるため、取り上げる技術や方法論は、執筆者の意図に即した理解の上に表現できているか、意図に沿ったコンテンツの内容になっているか、図やモデルは適切かを、有識者に確認できます。

7.7.1　セルフレビュー

セルフレビューは、文字どおり執筆者自身により、行う文書レビューです。執筆している技術同人誌で、伝えたい想いやコンセプト、メインテーマの流れ、語尾の表現など全てを理解しているのは著者だけです。

セルフレビューを行う際には、対象セグメントの1人の読者として原稿を読み、本文を解釈し、レビューを行います。セルフレビューのレビューアに技術同人誌の対象読者のペルソナを設定するのは、初めて原稿を読むというシチュエーションを意識的に作るためです。

執筆した著者が原稿を読むと、文章の言葉を端折って記述してしまいがちです。執筆者は何度も考え、書き、修正する度に読んでいるので、表現の間に省略された言葉を知っています。そのため、

無意識に言葉を補完しながら読めてしまうのです。

　無意識に、欠落している言葉を脳内で補完しないためにも、読者の立場で読むことは大事なことです。

7.7.2　識者レビュー

　第三者である有識者にレビューを依頼できることは、技術同人誌を書く上で大きなアドバンテージになります。識者にレビューを依頼することは、勘違いや思い込みで書いた文章の間違いを指摘してもらえる貴重な機会です。

図7.4: 有識者レビュー

　識者レビューでは、レビューアにレビューして欲しい観点を明確にして依頼します。レビュー対象の文書に対するコメントの付け方（PDFファイルにコメントをつける、Wordの変更履歴を使用する、gitでプルリクを出すなど）も指定し、レビューコメントの希望回答日を伝えます。

　セルフレビューで書いたように、本の目的や全体の流れを一番把握しているのは、執筆者か編集長です。識者レビューで指摘されたコメントについては、全てを修正するのではなく、ひとつひとつのコメントの意図を理解して、指摘から修正した方が良いのか、現状の表現とするかを執筆者自身により判断します。

　編集長は、全体のコンセプトを作って分担する執筆者に原稿を依頼している立場になるため、コンテンツを統括する立場でもレビューしてください。

7.7.3　完成原稿によるレビュー

　レビューは、完成原稿で行います。表紙データ（表1～表4）と本文データを入稿の完成原稿を対象にレビューします。完成原稿のレビューでは、入稿データとなるPDFファイルまたは印刷した紙

で原稿を確認します。

図 7.5: 完成原稿のレビュー

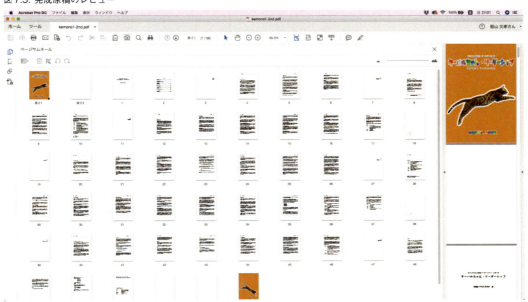

レビューは、指摘を完成原稿に反映して校了となります。

第8章 技術同人誌のマーケティング

この章では、企画で技術同人誌と想定した対象セグメントの読者に、技術同人誌を届けるためのリーチの方法を説明します。

図8.1: マーケティング

マーケティングでは、読者を単なる読み手の候補ではなく、技術同人誌で扱うコンテンツで興味を覚えてもらい、実際に手にすることで、コンテンツから得られる体験を通して、ファンになってもらうことを目指します。

8.1 読者からファンを作る

冒頭で単なる読み手ではなく、技術同人誌を読んで体験する満足からファンになってもらうことを目指す、としました。技術同人誌を制作するのは、読者に技術的なノウハウやプラクティスを伝えたいという思いを、媒体として具現化して、読者に届けるためです。

読者を作るのではなく、ファンを作るとしているのは、読者が一度きりの技術同人誌の読み手で終わらず、読み終えた後、周囲の人に読んだ本の感想や、メリットを伝える媒介役になることを期

待しているためです。読者自身の行動によるインフルエンサーとしての役割は、とても大きいです。

8.1.1　認知してもらえるように

　技術同人誌のコンテンツを伝えたい人の手に届けるためには、伝えたい対象セグメントのインフルエンサー候補である読者に、コンテンツの存在を認知してもらう必要があります。読者自身で魅力に引き込まれて、イベントに足を運んでもらえるように、継続的に取り組みます。

　いくら良い本を作れたとしても、読者の手に渡らなければ価値は届きませんし、技術的なノウハウやプラクティスも届きません。読者の手に渡るように、想定する読者の視界に入るように活動します。

8.1.2　対象セグメントを読み直す

　サークル主催者は、想定する対象読者になんの働きかけもせず、ただ待っているだけでは、制作している技術同人誌は想定する対象読者の視界に入りません。とは言え、闇雲にツイッターでツイートをしても、届けたい、伝えたい対象セグメントの想定読者に伝わるかどうかもわかりません。

　イベント参加者の多いセグメントを絞り込み、候補になりそうな読者のエンジニアのいるゾーンに対して、マーケティング活動に取り組みます。

　自ら動かず待っているだけでは、候補となる読者のいない所にマーケティング活動をしても、技術同人誌は存在を知られないままイベント当日を迎えることになります。

　マーケティングに取り組む前に、今一度、技術同人誌をリーチしたい読み手の候補は誰にしたか、企画で記入した『エレベーターピッチ』や『キャンバス』の対象セグメントを再確認してください。

8.2　ペルソナを育てる

　ツイッターなどのソーシャルネットワークを介して、対象セグメントとする想定の読者に接するのは、著者自身ではなくソーシャルネットワークで作るアカウントです。

　そのソーシャルネットワークのアカウントを、もう一人の著者自身として捉えます。もう一人の執筆者は、自分自身の写しとしてキャラ付けをすることもできますし、全く別のキャラ付けをすることもできます。自分自身のキャラと変えたい場合、もう一人の著者のキャラの性格付け、振舞わせ方など育成ポリシーを決めて育てます。

　例えば、育成ポリシーには、ネガティブなポストはしない、一個人の経験とノウハウに基づくポストしかしない、などを決めておきます。このような育成ポリシーは、投稿時のガイドラインになるため、ソーシャルネットワークサービス上での不要なトラブル（炎上）の予防策になります。

　キャラを育てるソーシャルネットワークの候補には、ツイッター、Facebook、Instagram、ブログサービスなどがあります。キャラを育てるソーシャルネットワークは、対象セグメントの想定読者が多いと見込んだサービスを選びます。

8.2.1　継続する

　ソーシャルネットワークにアカウントを作成してアカウントのペルソナを育てるためには、継続

して活動することが必要です。ソーシャルネットワークは、タイムラインで次々と投稿が流れていく仕組みだからです。

ソーシャルネットワークの仕組みを理解した上で、リーチしたい読み手の候補の視界に入るように対策を行います。人は、見えているものの中から、興味を持つようになったものだけに意識を向けます。その興味を引くために活動を継続します。

継続してソーシャルネットワーク活動に取り組むことで、対象読者へのリーチ率を上げていきます。しかし、現実的にはリーチする活動を継続的に行うのは難しいものです。

時間を確保できないからといってソーシャルネットワークへのポストをやめてしまうと、想定セグメントの対象読者の視界からは消えてしまいます。そこで、予約で投稿できるサービスを使うことで定期的な投稿を行い、機会創出を代替させます。

図8.2: botサービス

ツイッターでは、定期ポストを投稿出来るbotサービス[1]が提供されています。botなどのサービスを使用することで、仕事中の日中帯や深夜などの定期ポストが、継続的に想定読者の目に触れる機会を作れるようになります。

8.2.2　リーチする

ソーシャルネットワークの活用では、読み手の候補者やコミュニティやフォロワーの多い公式アカウントをフォローして、ターゲットとした想定読者のセグメントに、直接的に、間接的にリーチを仕掛けます。

イベントの当落発表日には当選報告とスペース番号を、イベントの数週間前からはサークル参加するイベント名、開催日（コミックマーケットは曜日）、場所、サークルスペース番号、頒布予定物

---

1. 参考　twittbot　https://twittbot.net/

をポストします。頒布予定物は、より関心を持ってもらうために、書影（表1）、目次、本文の一部のページの画像をポストします。想定する対象読者の関心を弾き続けられるように、ティーザー広告の手法を利用します。

リーチする対策を検討するときには、自分が対象セグメントの読者候補だったら、と想像してみることで、視界に入る風景を捉えられることができます。読者候補ならば、どのような情報をソーシャルネットワークで見掛けたら、想定する読者の候補として、自分で興味を持てるかを想像します。

ユーザーストーリーとして、休日に荒天や混雑にも関わらずイベント会場まで出向き、待機列に長時間並び、人混みの中をサークルスペースに立ち寄ることをイメージします。ようやく気になっていた技術同人誌を手に取り、対価を支払うかを即断することを想像してください。

執筆に並々ならぬ労力を割いたように、想定読者も新刊を手に入れるために、相当の労力を払っています。このようにストーリを描いてみることで、リーチするためのヒントを見つけられたり、アイデアを得ることもあるでしょう。

8.3　ソーシャルネットワークの選択

ソーシャルネットワークには、ブログサービス、ツイッター、bot、Facebook、Instagramなどがあります。いずれのソーシャルネットワークでも、アカウントを解説したばかりでは知名度がありません。アカウント開設後は、情報発信を続けることで知名度の向上を計ります。

多様なソーシャルネットワークのどれを活動の主な場とするかは、媒体利用者全体の特性、読み手の候補者とソーシャルネットワークのユーザーが被っているかなど、マッチングを想定しながら選択します。

この選択は、ソーシャルネットワークでのリサーチや仮説から行うため、必然的にトライアンドエラーになります。期待する手応えが得られないときは、選択を変えたり、ポストするタイミングや頻度を増やすなど、試行錯誤をしながら継続的に取り組みます。

8.3.1　公式ブログ

ツイッターのような、タイムラインに流れるソーシャルネットワークはポストできる文字数が少ないため、手軽に投稿できます。一方、タイムラインの流れは早く、対象セグメントの読者の目に入るかは、ソーシャルネットワークの利用者の閲覧するタイミングに委ねられています。

告知を始めると多くの情報を伝えたくなりますが、1度の投稿に文字数制限があるため、伝えたいコンテンツはいくつかの投稿に分けます。ソーシャルネットワークの特性を踏まえ、頒布物の情報やイベント参加などの情報を固定して掲載するには、ブログ[2]を利用します。

イベントへの参加に関する情報、頒布予定の技術同人誌の書影や抜粋したページのプレビューのコンテンツを用意します。ツイッターのbotでブログのURLをポストして、ツイッターからブログに送客できる仕組みを作ります。

---

2. 参考　公式ブログ　inayamafumitaka's official diary　http://inayama.hatenadiary.jp/

図8.3: 公式ブログページ

ブログを通じて想定する読者にリーチを考える場合は、ブログと他のソーシャルネットワークのサービスを組み合わせることでリーチする機会を増やし、活動を継続します。

8.3.2 公式ツイッター

ツイッターは、エンジニアであれば技術情報の収集目的や連絡用などの用途で、本名か裏アカの何れかでアカウントを開設していると思います。

次の図は、著者の公式アカウントとしてアカウントを開設し、技術同人誌の広報や関連する技術関係のエンジニアやコミュニティの連絡用として利用している事例です。

図8.4: プロフィールの設定

　『ペルソナを育てる』で述べたように、ソーシャルネットワークのアカウントの性格付け、情報発信の育成ポリシーに沿ってファンを増やす活動に取り組みます。

　公式アカウントのプロフィールには、アカウント活動や専門技術を記載しておくことで、フォロワー自身により、著者を知る情報を提供します。この他、プロフィールにはブログのURLなど、公開可能な情報を記載しておきます。特に、アカウントの表示名にイベント情報を併記すると、著者の参加するイベントの広報になります。

　参加するイベントの表記は、イベント参加の当落日からイベントが終了したしばらく後まで表示しておくと、イベントに参加できなかった対象読者が、著者を探す手助けになります。

　ツイッターの定期ポストに入れたいコンテンツとして、過去にカンファレンスや技術ノウハウを公開したスライドがあります。

図 8.5: bot によるポスト

　カンファレンスや勉強会で発表したスライドで未公開のスライドがある場合は、スライド共有サイトのアカウントを取得して、bot により定期的にポストすると、認知度向上の効果を期待できます。

8.3.3　bot

　bot は、曜日、時刻、メッセージなどを、設定したサイクルでツイッターにポストするサービスです。公式ブログの周知、過去に公開したスライドのリンクやイベント参加の告知など、発信したい情報を登録して利用します。

図8.6: botの利用

　botは、平日の日中帯のポストや夜間など、著者のライフスタイルと情報発信したいタイミングがズレている場合（早寝早起きをしているがツイートは夜間やランチタイムの前にポストしたいなど）に、著者の代行として投稿できるので便利です。

8.3.4　Facebook

　Facebookは、実名での交友関係を前提としたソーシャルネットワークです。その特徴から、著者が活動している技術クラスタの関係者と繋がりやすいため、想定読者の対象セグメントと被りやすく、関心を持ってもらえる読み手の候補になるポテンシャルもあります。

　友人数が多い場合は、ファンページやグループページを作るなど、リーチする手段を効果的に活用して、リーチする場を作ります。

8.3.5　コミュニティ

　著者の扱う技術同人誌の技術と同じ技術エリアを扱うコミュニティや、技術同人誌イベントのコミュニティ、執筆者が執筆するだけに集まるもくもく会など、多くのコミュニティが存在します。

　LT（Lightning Talks）や技術のノウハウ共有イベントなどで、発表する機会に宣伝のスライドを冒頭に差し込み参加者に周知することは、共通のテーマに関心を持つエンジニアの集まりから、一定の効果を期待できます。

図8.7: LTでのPR

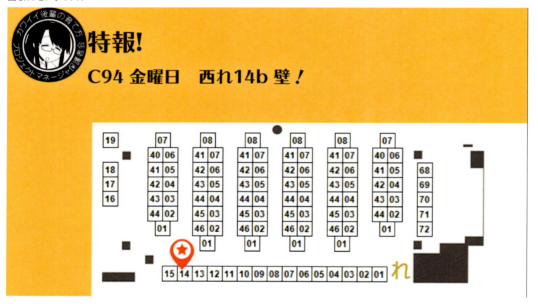

　コミュニティは、リアルでコミュニケーションを取れるため、一度興味を持ってもらえると、継続的に情報を取りに来てくれるようになります。さらに、口コミなどのインフルエンサーの役割の候補になります。

8.3.6　イベント主催者のサークル紹介ページ

　技術書典、コミックマーケットでは、イベントの紹介ページと共にイベントに参加するサークル

リストや、サークルの頒布物を紹介するページ[3]を提供しています。

図8.8: 技術書典のサークルページ

　サークルのページでは、頒布物を詳しく紹介できる仕組みを用意しています。頒布物の書影、内容紹介、サンプルページを用意して、サークルをチェックする一般参加者に、頒布物[4]を事前に見てもらえるようにします。

---

3. 引用　TechBooster / 達人出版会　サークル詳細　https://techbookfest.org/event/tbf06/circle/59990002
4. 引用　Comike Web Catalog　サークル一覧　https://webcatalog-free.circle.ms/Circle/14500180

図8.9: コミックマーケットのサークルページ

サークル名	東葛飾PM&A研究所	配置スペース	月曜日 南リ01b MAP
執筆者名	いなやまふみたか	ジャンル	同人ソフト (213)
サークル情報登録状況			
通販・電子書籍取扱サイト	COMIC ZIN 通販　kdp DL　通販・DL　DL		
タグ	ＩＴ，システムエンジニア，プロジェクトマネジメント		
補足説明/サークルアピール	「アプリ開発チームのためのプロジェクトマネジメント 〜チーム駆動開発でいこう！」を執筆した中の人によるスピンオフ本です。「カワイイ後輩の育て方」は主人公でプロジェクトマネージャになるための育成ストーリーとプラクティスで作成されています。「ガルパン仕事術」はガルパンをベースとしたチームビルディングを取り上げます。		

頒布予定

見本誌 と表示されているものは、表紙画像クリックで見本誌を閲覧することができます。

表紙	誌名予定	ジャンル予定	サイズ	ページ数	頒布価格	発行(予定)
	Career Change	同人ソフト	a5	128ページ	-	新刊
	技術を習得するための書籍や問題解決の手法に関する書籍は多く出されています。エンジニアの人なりを形成するスキルや業務を推進するために活用するスキル、コミュニケーションのスキルなどは豊富に供給されています。エンジニアのキャリアパスと役割を取り扱った書籍はあっても、キャリアパスに必要なスキルを伸長するために何をすればいいかを扱った書籍はあるでしょうか。まだないのなら、多くのエンジニアはまだ自分のスキルの伸長をどうすればいいか困っているのではないでしょうか。本書では、エンジニアのキャリアの考え方、キャリアパスのアプローチ、スキルの伸長のテーマ選びを新しいアプローチで扱います。					
	育成 エンジニア パターン キャリア メンタルモデル					

　サークル向けのページでは、一般参加者が気になるサークルにチェックを残せる仕組み[56]を用意しています。

---

5. 引用　TechBooster / 達人出版会　技術書典6 | チェックリスト　https://techbookfest.org/event/tbf06/circle/checklist

6. 引用　Comike Web Catalog　お気に入り　https://webcatalog-free.circle.ms/User/Favorites

図 8.10: 技術書典のサークルチェック

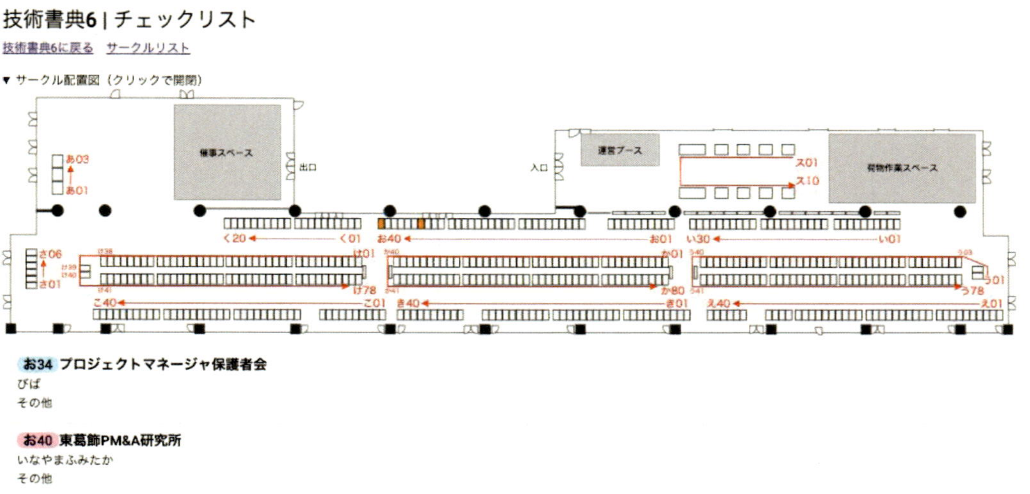

技術書典もコミックマーケットも、サークル側に気になるサークルとして、一般参加者からどのくらいチェックされているか、被チェック数を確かめられる機能を提供しています。

図 8.11: コミックマーケットのサークルチェック

一般参加者は、サークルのファンで買い逃しをしないようにチェックしているか、興味を持っただけでチェックを入れているかを、サークル側では判断できません。しかし、少なくともサークル

の頒布物に対して、程度の差はあるにしても、興味を持っていることは確かです。本の印刷部数を決める、一つのパラメーターとして利用できます。

8.4 当選通知

イベント主催者から当落の通知により、申し込みをしたイベントのサークルスペースに配置されたかどうかが判明します。イベント主催者からの通知は、イベントにより通知の手段が異なります。

コミックマーケットは、当落をコミケWeb catalogのマイポータルのサークルメニュー[7]で確認します。

図8.12: コミックマーケットの当落（サークル情報更新画面）

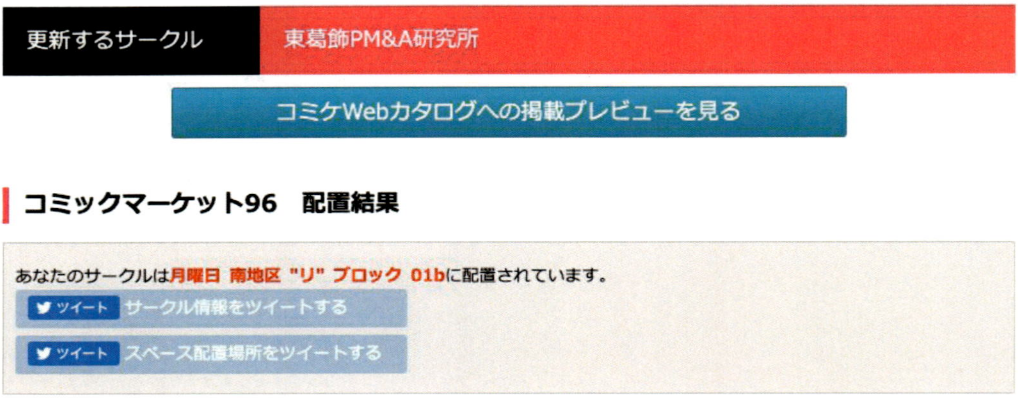

電子メールで当落を確認したい場合は、当落発表日の前に電子メールを登録しておきます。サークル側で、電子メールでの通知の設定をしておくことで、当落通知[8]を受けられるようになります。

当選をツイッターへ投稿できる仕組みを持っていますので、当選したことを想定する読者に届くように広報します。

図8.13: 当落情報検索 コミックマーケット96当落速報のお知らせ

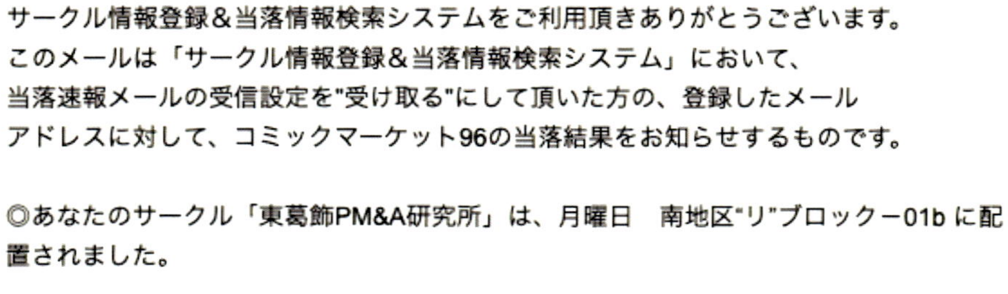

サークル情報登録&当落情報検索システムをご利用頂きありがとうございます。
このメールは「サークル情報登録&当落情報検索システム」において、
当落速報メールの受信設定を"受け取る"にして頂いた方の、登録したメール
アドレスに対して、コミックマーケット96の当落結果をお知らせするものです。

◎あなたのサークル「東葛飾PM&A研究所」は、月曜日　南地区"リ"ブロックー01b に配
置されました。

技術書典は、電子メールで当落の通知[9]が届きます。技術書典は当落通知の時点では当落のみが決

7. 引用　Comike Web Catalog　サークル情報更新画面　https://succession.circle.ms/
8. 引用　Comike Web Catalog　当落情報検索 コミックマーケット 96 当落速報のお知らせ
9. 引用　TechBooster / 達人出版会　技術書典 6 の当落について

まっているだけで、サークルスペースの配置は決まっていません。

図8.14: 技術書典の当落（電子メール）

・当落状況「入金待ち」の場合
2/12（火）までに参加費をご入金ください。サークルの配置は入金後に確定します。
参加費の入金をもって「当選」となります（期日にご注意下さい）。
参加にあたっては要項、ガイドラインを今一度ご確認ください。
サークル応募期間(1月末まで)を過ぎてからの参加辞退や未入金についてはペナルティがあります。

　当落通知後にサークルスペースの代金を入金することで、初めて当選になります。入金期限までに手続きを行わないとペナルティーを課せられますので、速やかに対応します。

図8.15: 技術書典の配置決定（電子メール）

技術書典 事務局です。
本メールは技術書典6へのサークル参加が確定したみなさまに送信しています。

参加費のお支払い、ありがとうございました。
貴サークル「東葛飾PM&A研究所」の参加および配置が確定したことをお知らせいたします。

　サークルスペースの代金の入金から、2週間程度後に配置決定の案内[10]が届きます。
　スペース配置が決まったら、ツイッターなどのソーシャルネットワークで広報します。

8.5　お品書き

　頒布物の入稿が終わると、イベント当日までは、イベントに携行する備品の準備以外にアクティビティーはありません。入稿を済ませているので書影も揃っています。頒布物の周知活動に取り組む時間も容易く確保できます。

　想定している読者のセグメントに関心を持ってもらうために、頒布物を一覧で閲覧できるお品書きを用意するのも、一つの広報の手段です。

---

10. 引用　TechBooster / 達人出版会　技術書典6の当落について技術書典 技術書典6配置決定のお知らせ

図8.16: お品書き

　お品書きには、頒布物を確かめられる書影やタイトル、および、価格を記載し、これまで活用してきたソーシャルネットワークやブログサービスで広報します。

第9章 技術同人誌の入稿

この章では、完成原稿を入稿するための最終的な手続きについて説明します。

図9.1: 入稿

これまで進めてきた技術同人誌の活動も、ここを乗り越えると一息入れられます。印刷所に入稿すると後戻りできませんので、最終的な確認作業を行いながら、入稿の指図を行います。

9.1 入稿で慌てないために

入稿では、印刷所に注文仕様の指示を行います。指示内容を理解していないと想定した通りに行かないばかりか、印刷所に誤った指示をして余計な出費を招いてしまうことさえあります。そうしたことを防止するためにも、確実に確認しながら進めます。不明なことがあったら、印刷所に問い合わせて、そのまま放置しないようにします。

9.1.1 印刷部数の確定

方針で記載したイベント属性、マーケティングのリーチ状況、及びイベント主催者の提供する一

般ユーザーのサークルチェック数を参考に、印刷部数[1]を確定します。

図9.2: 印刷仕様の登録

■ 基本情報	
セット	スタンダード
*サイズ	
サイズその他	
*総ページ数	(=表紙4ページ分+口絵(あれば)+本文)
*数量	

■ カバー	
カバーの有無	●なし○あり ※ありを選択すると、詳細が表示されます。

■ 表紙	
*印刷色	※上記項目で、その他を選択した場合、入力してください
用紙	※上記項目で、その他を選択した場合、入力してください
特殊用紙	
表2の印刷	●なし○あり

　継続的にイベント別の頒布実績数を取っていると、印刷部数の意思決定に反映でき、適度な見積もり精度を得られます。頒布部数の実績データが少ない場合は、企画で設定した活動方針に従って、印刷部数の意思決定を行います。

　頒布数の予測に自信を持てない場合は、印刷部数の数字を保守的に見積もることで、余剰在庫の抑制をするか、在庫は委託販売を見込むなどの対策を用意しておきます。

9.2　搬入

　搬入とは、印刷した技術同人誌を印刷所から何処に届けるかの指示です。印刷所からイベント会場への搬入は、印刷所のイベントサポートにより直接搬入となるか、宅配による搬入のいずれかとなります。印刷物を自宅で受け取り、サークル自身で持ち込む場合は、発送先を自宅に指示します。

9.2.1　直接搬入と宅配搬入

　印刷所により、イベントをサポートしている（印刷所の公式ページでイベント用の入稿スケジュールを用意している）場合は、印刷所にてイベント会場のサークルスペースまで、直接搬入[2]してくれます。

---

1. 引用　POPLS　スタンダードの予約　https://www.popls.co.jp/mypage/reservationbook
2. 引用　POPLS　入稿スケジュール　http://www.inv.co.jp/~popls/c96/c96_top.html

図9.3: 直接搬入

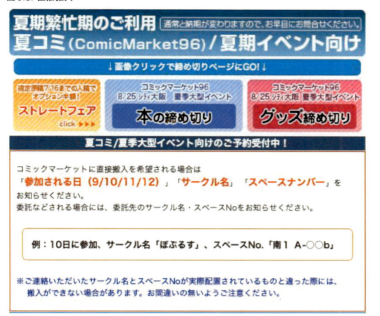

印刷所でイベントをサポートしていない場合、宅配業者による配送となります。必ず、配送料金[3]を確認してください。

図9.4: 宅配搬入

送料			2,400 円
追加送料			0 円
その他1		イベント専用荷札貼付手数料	300 円

9.2.2 自宅への配送

通常は荷運びの負担軽減から、配送先はイベント会場に指定します。自宅へ配送する場合は、イベント前に配送日を設定し、印刷した本の仕上がりを確認することができます。

発注した印刷冊数を全て自宅へ配送すると、イベント当日にハンドキャリーをしなければなりません。印刷冊数の多い場合は追加配送を指示し、自宅とイベント会場の送り先に印刷冊数を按分します。

9.3 本番入稿前に出力を確認したい場合

印刷所では、本番入稿前にデータ出力を確認できるサービス[4]を提供しているケースもあります。

---

3. 参考　POPLS　マイページ　配送料
4. 引用　POPLS　サンプル確認　http://www.inv.co.jp/~popls/beginner/kousei.html

図9.5: サンプルの確認

オプション内容	料金
フルカラー表紙 or カバーのサンプル確認	お届けする場合は2,000円。送料が含まれています。 （事前に原稿をご入稿いただいて店頭で確認する場合は1,000円。 ※下記注意をご参照ください）
モノクロ本文のサンプル確認	ページ数に係わらず2,000円。送料が含まれています。
フルカラー本文のサンプル確認	20ページごとに2,000円。送料が含まれています。
フルカラー表紙 orカバー＋本文サンプル確認	カラー表紙またはカバーと本文を同時にご入稿いただき 一緒にサンプル確認される場合は、全体のサンプル確認料金 から1,000円サービスいたします。

　サービス内容は、印刷所により違います。利用の希望がある場合は、利用予定の印刷所でサービスを受けられるかを確認してください。

9.3.1　サンプルを確認したい場合

　初めて入稿する際に、印刷仕様の指図を考えていたとおりに指示できているか、とても不安になるものです。ある程度の原稿を仕上げた状態でサンプルを印刷することで、印刷仕様を確認できれば安心して本番入稿できます。

　多くの印刷所では、原稿の簡易印刷をサンプルとして確かめられるサービス[5]を用意しています。サンプル確認では、印刷所で諸条件を決められているので、印刷所のサイトで確認の上、サンプル確認を依頼してください。

---

5. 引用　POPLS　★「事前サンプル出力サービス」もご検討ください　http://www.inv.co.jp/~popls/beginner/kousei.html

図9.6: 事前サンプル出力サービス

★「事前サンプル出力サービス」もご検討ください

本番入稿前に、データのお試し出力をご利用いただけます！　何度でもご利用ください。

・モノクロまたはフルカラーいずれかの出力（1〜2枚程度）を
　1回につき**1000円**（印刷代・送料込み）　※表面加工はいたしません。
　モノクロとフルカラー両方の場合**2000円**で承ります。

★代金引換サービスでお届けします！

・時間指定…午前中・14−16・16−18・18−20・19−21時のいずれか
・日付け指定…応相談。ご希望をいただければできるだけ調整いたします。
・データ入稿のみに限ります。オンデマンド出力になります。
・上記の「サンプル確認」とは異なります。
　「事前サンプル出力サービス」は実際のご注文前にご利用いただくサービスです。
・弊社へ入稿予定の印刷物サンプルに限ります。そのまま商品とするご利用はご遠慮ください。

　サンプル確認では、印刷物のサイズ、ページ数、ページ順、とじ方向、とじ方、張り込み画像の配置（Wordなどで画像を別ファイルで入稿した場合）をはじめ、指定フォント、文字配置（ズレ、あふれ）、印刷仕様（遊び紙、装飾など）などを確認します。

　サンプルではなく、本番入稿前に印刷の仕上がりを確かめたい場合は、本番入稿前に事前サンプルを確認するサービスを利用します。

9.4　見積もり

　印刷の見積もりは、印刷費用の正式な金額を予め知るために、印刷所に印刷仕様を提示して費用を算出してもらいます。

　見積もり自体は印刷代金を知ることが目的で、印刷の予約や注文とはならないため、このステップを飛ばして予約や注文から始めることもできます。

9.5　予約

　印刷の予約は、入稿、注文の登録を前もって行うことで、イベントの入稿締め切り直前になっても確実に注文できる仕組みです。

　原稿の入稿日は、印刷所のリードタイムの前日に設定[6]されています。リードタイムは、印刷セットにより設定を変えている場合もあります。

---

6. 引用　POPLS　本のセットの納期　http://www.inv.co.jp/~popls/nouki/nouki_book.html

第9章　技術同人誌の入稿　117

図9.7: 営業日の数え方

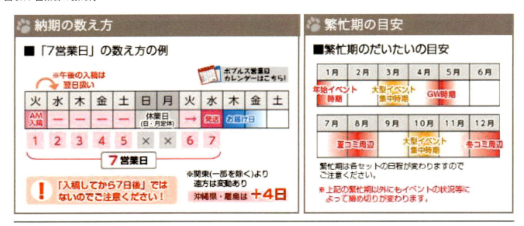

　コミックマーケットのような大型のイベントでは、印刷所への注文の数も多いため、入稿の進捗も勘案しながら予約を入れます。印刷所で、サークル参加するイベントをサポートしていない場合、締め切りは設けられていませんから、印刷所の通常の納期[7]で入稿すれば良いことになります。納期前に数日、余裕を持って予約を入れると確実です。

---

7. 引用　POPLS　POPLSイベント搬入予定・締め切り　http://www.inv.co.jp/~popls/hannyu/daily/shime190812.html

図 9.8: 締め切り

8月12日（日）コミックマーケット96・4日目　◀ イベント一覧に戻る

※繁忙期となります為、通常期と異なる日程でのご案内となります。事前にご予約をお取り頂くことをおすすめしております。
※直接搬入の場合の締め切りになります。事前にご自宅へお届けする場合の締め切りはお問合せください。

セット名	通常締め切り	特急20%増 上記金額が3000円未満の場合は+3000円	特急30%増 上記金額が4000円未満の場合は+4000円	特急40%増 上記金額が5000円未満の場合は+5000円	特急50%増 上記金額が6000円未満の場合は+6000円	※
直接搬入限定セット！ **快速本** 要予約 ※7/25までにご予約ください	8/3 (土) AM	×	×	×	×	イベント直接搬入限定のセットです。各原稿規定をご確認ください。>快速本原稿規定
表紙・本文 共紙 黒一色中とじ冊子 **モノクロ特快** 要予約 ※7/25までにご予約ください	8/8 (木) PM4時	×	×	×	×	黒一色刷りの短納期セットです。原稿規定をご確認ください。>モノクロ特快原稿規定
スタンダードセット オプション付きの〆切を確認する	7/27 (土) AM	7/30 (火) AM	7/31 (水) AM	8/1 (木) AM	8/2 (金) AM	オプションご利用の際の〆切は、各バナー下のリンクからご確認ください。
まるまるフルカラーセット オプション付きの〆切を確認する	7/24 (水) AM	7/25 (木) AM	7/26 (金) AM	7/27 (土) AM	7/30 (火) AM	
カバー付き文庫・新書セット オプション付きの〆切を確認する	7/24 (水) AM	7/25 (木) AM	7/26 (金) AM	7/27 (土) AM	7/30 (火) AM	

　印刷のセット名によっては、予約[8]を必須とするケースもあります。イベントの当落発表後に、印刷所から出されるスケジュールの確認は必ず行います。

---

8. 引用　POPLS　カバー付 B6・A5 の予約　https://www.popls.co.jp/mypage/reservationbook

図9.9: 予約での印刷指示

■ 基本情報	
セット	カバー付B6・A5
* サイズ	[▾]
サイズその他	[　　　　　]
* 総ページ数	[　　] (=表紙4ページ分+口絵(あれば)+本文)
* 数量	[　　]

■ カバー	
カバーの有無	○なし ●あり ※ありを選択すると、詳細が表示されます。
* 印刷色	[▾] ※上記項目で、その他を選択した場合、入力してください
用紙	[▾] ※上記項目で、その他を選択した場合、入力してください
特殊用紙	[　　　　　]
コーティング	クリアPP [▾] ※コート用紙を選択時は「クリアPP加工」または「マットPP加工」がセット料金内でつけられます。 その他はオプション料金がかかります。
箔押し種類	[▾]
箔押しサイズ	[▾]
サンプル確認	●なし ○あり
カバー取り付け	○なし ●あり
* 入稿予定日	[---- ▾] -- [▾] -- [▾]
原稿の形態	[▾]

　印刷所で予約がある顧客を優先する場合、イベントギリギリに入稿すると、印刷所の規定上は、印刷の注文を受け付けられないケースも考えられます。特に、コミックマーケットなどの大型イベントや、同時期の複数のイベントの日程が重なる場合は、余裕を持った入稿を計画してください。

9.6　注文

　注文では、印刷仕様の指示と搬入の指図と完成原稿の入稿を行います。技術同人誌はデジタルで原稿を作ることから、完成原稿は印刷所の指定する方法（原稿を圧縮してアップロード）で原稿データを引き渡します。

　印刷所で印刷仕様と原稿データの確認を済ませると、料金が確定します。料金の案内にしたがって、決済を行って注文は完了です。

9.6.1　印刷仕様の指示

　印刷仕様の指示では、装丁で検討した表紙、本文の紙の種類の指定、表紙の加工（クリア加工・マット加工）、本のオプション（遊び紙、飾り紙、フルカラー、表紙の箔押し、帯）の追加を行います。また、配送の方法（イベント名、開催日、住所、サークルスペース番号、イベント会場以外の配送先の有無）なども、合わせて指示します。

図9.10: 発注の申し込みページ

　印刷仕様は、方針で決めた印刷の仕様を、印刷所の発注システム[9]に登録します。印刷仕様を指示する発注システムの構造や印刷仕様の項目名[10]は、印刷所ごとに違うので、発注する印刷所のガイドに従い手続きします。

---

9. 引用　POPLS　会員ページ　https://www.popls.co.jp/mypage/members
10. 引用　POPLS　予約ページ　https://www.popls.co.jp/mypage/reservationbook

図9.11: 発注での表紙の印刷指示

■ 表紙	
* 印刷色	※上記項目で、その他を選択した場合、入力してください
* 用紙	標準コート紙
特殊用紙	
表2の印刷	●なし ○あり
表3の印刷	●なし ○あり
表2・3の印刷色	※上記項目で、その他を選択した場合、入力してください
* コーティング	加工なし ◆「標準コート紙」は、「クリアPP加工」または「マットPP加工(快速本、限定中とじ、急ぎのセットは除く)」が標準でつきます。
箔押し種類	
箔押しサイズ	
サンプル確認	●なし ○あり
* 入稿予定日	---- -- --
* 原稿の形態	
* 作成ソフト・バージョン	※上記項目で、その他を選択した場合、入力してください ※現在の弊社対応の入稿形式については コチラ をご覧ください。
* データの形式	※上記項目で、その他を選択した場合、入力してください
* 入稿方法	※上記項目で、その他を選択した場合、入力してください
入稿メディア種別	※上記項目で、その他を選択した場合、入力してください
入稿メディア個数	

　注文時に慌てたくない場合は、発注予定の前に予定している仕様で見積もりで操作を慣れるようにして、見積もりの確認後に発注処理を進めます。

　入稿前の最終のデータ確認を行います。この際、ごく稀に起きる不幸なインシデントに、印刷仕様の『とじ方向』の指示間違い（左とじが正しいのに、逆を指示した）があります。仕上がった本を見て確認したはずだったのに、と愕然としないためにも、1項目ずつ確認します。

　印刷仕様を指図する際に、印刷仕様の項目をチェックリストで整理しておくと、誤入力を防止できます。

表9.1: 印刷仕様のチェックリスト

確認	データ名	内容
☐	基本	印刷セットの選択に誤りのないことを確認した。
☐	基本	書籍名に誤りのないことを確認した。
☐	基本	用紙サイズに誤りのないことを確認した。
☐	基本	ページ数に誤りのないことを確認した。
☐	基本	印刷部数に誤りのないことを確認した。
☐	基本	とじ方向に誤りのないことを確認した。
☐	基本	とじ方に誤りのないことを確認した。
☐	イベント	納品先（納品日時、住所、宛名に誤りのないことを確認した。
☐	表紙	印刷色は、フルカラーであることを確認した。
☐	表紙	コーティングの指定に誤りのないことを確認した。
☐	本文	用紙の指定に誤りのないことを確認した。
☐	その他	（宅配便による搬入の場合）連絡事項に識別票の指示の記載があることを確認した。

9.6.2 入稿データの確認

印刷所に送信する入稿データは、原稿データ（表示データ、本文データ）です。印刷所からイベント会場への搬入が宅配便による搬入の場合は、識別票をダンボールに貼付するように印刷所へ指示します。宅配納入の場合は、入稿データに識別票データを追加します。

図9.12: 宅配搬入の識別票

入稿データの入稿前の最終チェックは、次表で行います。

表9.2: 入稿データのチェックリスト

確認	データ名	内容
☐	両方	表紙データ、本文データで、断ち切り部分に文字がはみ出ていない（意図的なデザインを除く）ことを確認した。
☐	表紙データ	表示データは、最終バージョンであることを確認した。
☐	表紙データ	表1、表4の本のタイトル、著者名の記載に誤りがないことを確認した。
☐	本文データ	本文データは、最終バージョンであることを確認した。
☐	本文データ	本文データの全てに、ノンブル（ページ番号）の記載があることを確認した。
☐	本文データ	目次のページ番号が一致していることを確認した。
☐	本文データ	奥付の記載事項（書籍名、サークル名、著者名、連絡先）に誤りがないことを確認した。
☐	本文データ	（新刊の場合）発行日は、イベント開催日であることをことを確認した。
☐	本文データ	フォントの指定（使い分けている場合）に誤りがないことを確認した。
☐	本文データ	目次と章節項の標題が一致していることを確認した。
☐	本文データ	図表とキャプションが一致していることを確認した。
☐	識別票データ	（搬入が宅配便の場合）識別票データの記載に誤りがないことを確認した。

9.6.3　原稿データのアップロード

原稿データのアップロードでは、完成原稿データをzipファイルなど、印刷所の指定の圧縮ファイルにしてアップロードします。

9.7　決済

印刷代金は、印刷を発注し、印刷所の原稿チェックが完了した時点で請求額が確定します。印刷代金[11]は、クレジット、銀行振込などにより決済します。

---

11. 引用　POPLS　印刷代金　https://www.popls.co.jp/mypage/histrybook

図9.13: 印刷代金

■合計		摘要	金額
制作代金			93,465 円
提供価格　　（税別）			86,542 円
消費税　　　（8%）			6,923 円
お支払期限	2019年04月10日(水)		
お支払い済			93,465 円
残金	※マイナス表示は預かり金です。 (最終更新日付：19年04月03日 15時58分)		0 円
	■ご発注の場合■ このお知らせを持ってご請求とさせていただきます。 お支払いを確認してからの発送(代引きは除く)となりますので、お支払い済みでない場合は お支払期限までにお手続きのほど何卒よろしくお願い申し上げます。 なお、入れ違いでお支払い済みの場合はご容赦ください。 お振込みにつきましてはコチラをご参照ください。		

　印刷所により、決済に期限を設けていたり、決済が完了しないと発注した本は発送されない仕組みを取っている場合もあります。

第10章　イベントの準備

この章では、入稿からイベント前日までの間に、サークル参加するために準備しておきたい項目を説明します。イベント当日に携行する備品の準備では、サークルにより準備する物を取捨選択して必要なアイテムを用意します。

図10.1: イベント準備

企画	計画	執筆	体制	装丁
・技術ノウハウ ・技術書典 ・納期>品質>コスト ・1人で ・紙媒体 ・電子媒体 ・IT関係者向け ・「プロジェクト思考で行こう！」 ・P230 ・目次は別紙	・標準パック ・¥2000 ・オンデマンド ・在庫ゼロ ・主に参考文献購入 ・Re:VIEW **スケジュール** ・4月末着手 ・原稿6月末アップ ・技術書典7向け	・技術同人誌ベース ・目次追加 ・平日朝夜、土日 ・atomで執筆	・執筆1人 ・レビューア1人 ・担当編集1人 **マーケティング** ・再販ナイトで広報 ・公式ツイッター	・表紙は新デザイン ・本文データ ・A5 ・左とじ ・平とじ ・フォントは統一
入稿 ・re:VIEWでPDF出力	**イベント準備** ・頒布用書籍印刷 ・ポスター印刷 ・いつもの備品	**イベント当日**	**イベント事後**	

イベント前の事前準備のうち、コミックマーケットで準備会が提供する駐車場を利用する場合は、当選の封書[1]が届いてから1週間程度で申し込みをする必要があるため、締め切りに注意して申し込みします。

---

1. 引用　コミックマーケット準備会　コミケットアピール

図10.2: コミックマーケットの封筒

10.1 サークル入場

イベントでは、搬入物の持ち込みと設営のために、サークルの入場時間帯（サークル入場の開始時間から一般入場開始の時間まで）を一般入場（開場）の前に設けています。サークルスペースの準備に慣れていないサークルは、余裕を持って入場し、設営時間を十分確保するように段取りをします。

10.1.1 入場時間帯

コミックマーケットのサークル入場は、7時30分〜10時00分、技術書典のサークル入場は、10時〜10時40分に設定されています。サークル入場時間帯は、会場への出入りが可能です。

サークル入場時間帯でのサークル会場への出入りは、イベントにより、会場から外に出るときにサークルであることを証明する券か、サークルに出展者通行証[2]を掲示します。

---

2. 参考　技術書典運営事務局　出展者通行証

図10.3: 技術書典の出展者通行証

　一般入場を開始する30分前に、会場への再入場を制限をしますので、会場から出る場合は、指定の時間までに戻れるようにします。

10.1.2　入場ゲート

　イベントにより、サークル向けにサークルの入場ゲートと一般参加者の入場ゲートを分けて設けているケースがあります。サークル向けのパンフレットを読み、経路を確認しておきます。

10.2　交通手段

　イベント当日の交通手段は、公共交通機関を利用するか、自動車になります。公共交通機関を利用する場合、予め、サークル入場時間に間に合うように乗り換え案内で調べておきます。自動車での移動の場合は、交通事情（事故や工事など）や駐車場の確保をどうするか、事前に調査や準備が必要です。

10.2.1 公共交通機関による移動

電車やバスによるイベント会場への移動は、ほとんどのサークル参加者にとって普段の通勤や通学とは全く違うルートになります。携行品などの荷物を持っている場合は、エスカレータやエレベータを使うため、乗り換えしやすい位置などを経路検索で調べておきます。

イベント開催日は土日や祝日に開催されることから、時刻表も土日祝日のダイヤになります。ダイヤは、平日と比較して本数が少ない場合もあるので、イベント開催日の曜日で乗り換え案内を確認します。

また、イベント当日は普段持ち慣れない設営用の備品を携えるため、身動きはし辛くなり、移動の時間も普段より余計に掛かります。移動時間を見積もる場合は、普段より、余計に移動の時間を必要とすることを折り込み、乗車する時刻を1本前にするなど余裕を持った移動の計画を立てます。

10.2.2 車による移動

自宅からの搬入物が多い場合、自家用車やレンタカーを使用して移動するのも便利です。車で移動する場合は、移動途中の事故や工事などの渋滞による遅れ、駐車場の確保など公共交通機関より考慮する事項は多いです。公共交通機関に比べ、用意周到な準備をしてください。

駐車場を確保にあたっては、イベントにより3つのパターンがあります。

10.2.3 コミックマーケットでの駐車場の確保

コミックマーケットでは、コミックマーケット当選サークルに届けられる『コミケットアピール』の駐車券申込案内[3]で記載されている手続きにより駐車券を入手します。

この手続きは、指定の期限までに郵便局で駐車券の代金を振り込みます。振り込みは、窓口よりATMを使うと早く、手数料が安く済みます。

---

3. 引用　コミックマーケット準備会　コミケットアピール

図10.4: 駐車券申込案内

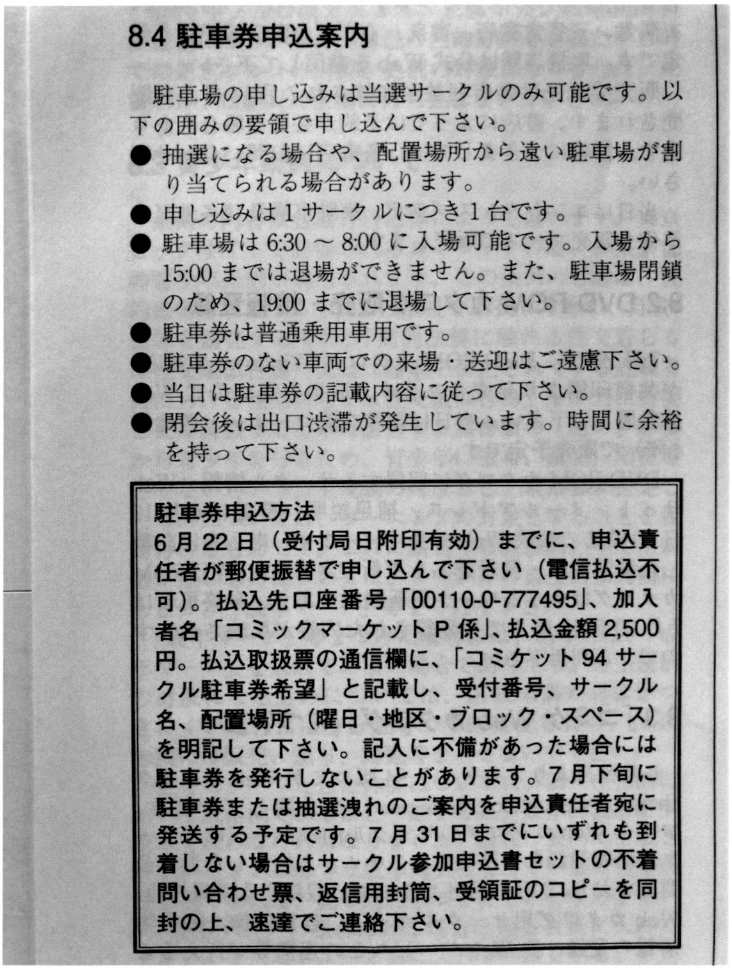

8.4 駐車券申込案内

　駐車場の申し込みは当選サークルのみ可能です。以下の囲みの要領で申し込んで下さい。
- ● 抽選になる場合や、配置場所から遠い駐車場が割り当てられる場合があります。
- ● 申し込みは1サークルにつき1台です。
- ● 駐車場は6:30 〜 8:00 に入場可能です。入場から15:00 までは退場ができません。また、駐車場閉鎖のため、19:00 までに退場して下さい。
- ● 駐車券は普通乗用車用です。
- ● 駐車券のない車両での来場・送迎はご遠慮下さい。
- ● 当日は駐車券の記載内容に従って下さい。
- ● 閉会後は出口渋滞が発生しています。時間に余裕を持って下さい。

> **駐車券申込方法**
> 6月22日（受付局日附印有効）までに、申込責任者が郵便振替で申し込んで下さい（電信払込不可）。払込先口座番号「00110-0-777495」、加入者名「コミックマーケットP係」、払込金額2,500円。払込取扱票の通信欄に、「コミケット94サークル駐車券希望」と記載し、受付番号、サークル名、配置場所（曜日・地区・ブロック・スペース）を明記して下さい。記入に不備があった場合には駐車券を発行しないことがあります。7月下旬に駐車券または抽選洩れのご案内を申込責任者宛に発送する予定です。7月31日までにいずれも到着しない場合はサークル参加申込書セットの不着問い合わせ票、返信用封筒、受領証のコピーを同封の上、速達でご連絡下さい。

10.2.4　技術書典での駐車場の確保

　技術書典では駐車券発行の手続きはないため、サークルの判断で近隣の時間貸し駐車場を利用することになります。大規模な駐車場か予約できる時間貸しの駐車場をチェックしておくと、当日の時間が限られる中で慌てずに済みます。

　池袋に移転開催となった第6回以降は、池袋サンシャインの地下駐車場が広く、使い勝手が良いです。

　会場の周囲の時間貸し駐車場の料金は、イベントや盆暮れなどの休日の場合、料金を引き上げるところもあります。駐車前に事前にWebで調べておき、法外な料金を支払うようなことにならないようにします。

10.2.5　コミティアでの駐車場の確保

ビックサイトで開催されるコミティアの場合は、到着時間を早めにすればビックサイトの地下駐車場を利用できる可能性もあります。ただし、駐車場の予約はできませんから、必ずしも確実に駐車できるわけではありません。周辺の代替駐車場の目星をつけておきます。

10.3　搬入

搬入では、頒布物やサークルスペースで使用する設営物などの備品について、イベント会場に運搬する手段を説明します。

頒布物の配送では、印刷所からイベント会場に直接配送する直接搬入、自宅から配送業者の営業所に持ち込み、配送を依頼する宅配搬入、サークル参加者によりイベント会場に当日持ち込むハンドキャリーの3種類があります。

10.3.1　直接搬入

頒布物を印刷所から直接搬入を利用する場合、印刷所で参加するイベントをサポートしている必要があります。サポートしていない場合は、印刷所から宅配による宅配搬入となります。

10.3.2　宅配搬入

印刷所から、イベント開催者の指定の宅配便により、イベント会場へ搬入する方法です。サークル参加者のサークルスペースの備品や、既刊をイベント会場に送る場合も、宅配業者に配送を依頼してイベント会場に届けてもらいます。

イベントによっては、宅配業者を指定されるケースもあります。イベント参加者向けの宅配搬入のルール[4]に準じて利用します。

---

4. 引用　技術書典運営事務局　サークル参加者むけガイドラインの公開　https://techbookfest.org/event/tbf05#guide

図 10.5: 搬入案内

搬入の手引き

イベントの準備もそろそろ佳境ですね！搬入手段はいくつかの種類があります。それぞれ次のような特徴があり、サークル出展者みずから行えるもの、バックアップ印刷所のみ利用可能な業者搬入などさまざまです。

搬入種別	対象者	説明
宅配搬入	サークル出展者・印刷所	ヤマト運輸で会場に直送する方法です
業者搬入	日光企画・ねこのしっぽ	バックアップ印刷所のみ利用可能な搬入方法です
自力搬入	サークル出展者	出展者みずからが会場へ持ち込みます

宅配搬入

荷物には、次の識別票を必ず貼り付けてください

- 技術書典識別票

宅配業者は「ヤマト運輸」のみ受け付けています（その他の業者では届きません）。送付先住所は次の通りです。

- 送付先住所：〒170-0013 東京都豊島区東池袋3-1-4 池袋サンシャインシティ 文化会館展示2F ホールD
- 宛先：技術書典運営事務局
- 到着日指定：10月8日指定 時間帯指定なし
- 発送目安：〜10月6日までの荷受けが対象（ギリギリだと到着を保証できない可能性があります）

　宅配搬入は、イベント主催者側で搬入日と時間を指定していることが多いため、配送を依頼する際には、配送の受け入れの要領を確認します。イベント当日に届かないといったような配送事故を防ぐため、配送業者に配送の混雑状況を確認して、指定日時に到着するように依頼してください。

　通常、自宅から配送する場合の配送料は元払い、イベント会場から自宅へ送り返す場合は着払いです。

10.3.3 ハンドキャリー

　ハンドキャリーは、イベント参加者自身によって頒布物や設営の備品を運搬する方法です。荷物を持っての移動となるため、サークル参加者に体力的な負担となります。交通手段と頒布物、設営の備品の量により、宅配便による運搬手段も選択肢としてください。

表 10.1: 運搬手段

	種類	交通手段	内容
1	キャリーカート	公共交通機関、車	カートにダンボール箱をゴム紐で固定します。雨天時は、ビニール袋などで水濡れ対策が必要です。
2	スーツケース	公共交通機関	スーツケースの中に頒布物、設営備品を収納し、運搬します。雨天時でも濡れません。
3	台車	車	移動手段を車にする場合、駐車場からサークルスペースまでの運搬で利用します。駐車場が屋外の場合、雨天時は水濡れ対策が必要です。 台車は折りたたみ、サークルスペースの机の下に置くと邪魔になりません。

10.4 支払い手段

頒布物の対価の支払い方法は、基本的に現金を用います。ただし、サークル側で支払い手段としてクレジットカード、Suica などの電子マネー、QR コードによる決済手段を用意することで、一般参加者に様々な決済手段を提供することも出来ます。

クレジットカードや電子マネーは決済端末の提供会社の審査があるほか、決済時に手数料が掛かります。手数料分の経費が掛かることと決済の手間が増えるので、支払い手段に掛かる手間を踏まえて採用するかを決めてください。

技術書典では、イベント主催者により QR コード決済アプリが提供されています。また、pixiv も QR コード決済アプリを継続的に提供しています。

著者のサークルでは、技術書典 6 における QR コード決済の利用実績は頒布総額の 17% 程度です。一方、コミックマーケット C95 の pixiv の QR 決済の実績は 1 件です。イベントにより、一般参加者の決済手段の指向や支払い手段としての普及に違いのあることがわかります。

10.4.1 釣銭

現金による支払いで、準備が必要になるのは釣銭です。釣銭は、頒布物の価格設定に応じた釣銭を用意しておきます。

表 10.2: 金種と数量

	金種	内容
1	500 円	頒布価格が 500 円の場合に必要となります。 20 枚用意すれば安心です。
2	1000 円	30〜40 枚用意すれば安心です。
3	5000 円	2〜4 枚用意すれば、より安心です。

著者のサークルでは、過去のイベントで一度だけ 30 枚用意していた 1000 円札がなくなってしまったケースがありました。そのイベントは、技術カンファレンスのコミュニティブースに設けられ、技術カンファレンスの参加者が回遊する形式でした。カンファレンスの参加者には、小銭を用意する習慣がなかったため、高額紙幣による支払いが続き、釣銭を不足する事態になりました。

準備する金種の量は、前掲の表を参考に、用意する金種と数量を決めてください。

10.4.2 盗難対策

現金による支払いでは、混雑するイベント会場で現金を取り扱います。盗難を想定した予防策をとり、金銭の授受でのインシデント防止に取り組みます。インシデントが発生して、せっかくのイベントを台無しにしないようにします。

第 10 章　イベントの準備　133

図 10.6: 釣銭皿

　複数のサークルメンバーで店番をする場合には、受け取り現金と釣銭を返す際のオペレーションを確認したり、管理しやすい釣銭箱を用意しておきます。忙しくなると受け取った金種を勘違いすることもあります。釣銭皿を用意して、その上で受け渡しをするなどの予防策を取ります。頒布物と釣銭を渡すまで預かった代金を片付けずに、金種の取り違いがないようにすることも予防策のひとつです。

10.4.3　QRコード決済

　QRコードによる決済[5]は、2017年からイベントで利用され始めた決済方法です。QRコード決済は、イベント主催者もしくはpixivなどのWebサービス会社により提供されています。QRコード決済を利用するサークル参加者は、予め、頒布物の書影の画像と頒布価格の設定を済ませておきます。

---

5. 引用　技術書典運営事務局　技術書典簡単後払いサービス

図10.7: QRコード決済

QRコード決済の利用にあたっては、決済手段の提供者により決済手数料の徴収がありますので、サービス手数料[6][7]を確認します。

10.5 携行品

サークルスペースを設営する備品は、前日までに準備します。携行する備品は出来る限り少ない方が運搬と現地での設営、管理、撤収作業と、現地での作業に影響します。サークルで何を必要とするかを吟味してください。

---

6. 参考　pixiv Pay ヘルプセンター https://pixivpay.pixiv.help/hc/ja/articles/115001144894
7. 参考　技術書典7開催のお知らせ　注意点5: 技術書典かんたん後払い 支払い方法を登録しよう　https://blog.techbookfest.org/2019/06/05/tbf07-open/

表10.3: 携行品

	名称	内容
1	サークルチケット	コミックマーケットの場合は、当選したサークルに送られる封筒に、特殊印刷されたサークルチケットが入っています。 技術書典は、サークル向けのページからQRコードをダウンロードしておきます。
2	テーブルクロス	サークルスペースの机を覆い、スペース装います。搬入物や釣銭などを覆う役目もあります。
3	頒布物	当日頒布する技術同人誌やグッズです。これがないと新刊を落としたのと同じです。
4	お品書き	頒布物が多い場合はソーシャルネットワークの告知で利用したお品書きを持参します。 支払いでQRコードを利用する場合、頒布物にQRコードを記載しておくと便利です。
5	ボールペン	見本誌、参加票記入などで使用します。
6	POPスタンド/ポスタースタンド	ポスターを掲示します。
7	価格票	見本誌に貼る頒布価格票です。新刊、既刊の種類と値段を記載します。
8	釣銭	頒布物の価格以上の紙幣で受け取ったとき、代価を引き去って返す残りの金銭です。
9	釣銭皿	現金の授受で間違いをなくすために釣銭皿を利用します。 テーブル上で、頒布物と受け取る現金と釣銭を並べて授受できる場合は必要ありません。
10	回覧板	回覧板のボードに頒布記録表を挟み、記入するために使用します。 頒布記録を取らない場合は不要です。
11	頒布記録表	頒布数を記録する一覧です。記録する場合に準備します。
12	フリクションペン	頒布記録を書く際に使用します。書き損じを消せるので、使い勝手が良いです。
13	PC/タブレット/スマートフォン	イベント時間帯のソーシャルネットワークでの周知、デモ、QR決済などで使用します。 サークルの都合に合わせて、情報機器を利用します。
14	モバイルバッテリ	タブレット、スマートフォンを充電するために利用します。容量の大きいモバイルバッテリを用意しましょう。
15	充電用USBケーブル	スマートフォンをモバイルバッテリで充電する際に接続するために利用します。
16	両面テープ	ポスターをスタンドに固定したり、価格票を見本誌に貼り付けたりする際に利用します。
17	養生テープ	頒布物が残った際に、段ボール箱に収納する際に利用します。ガムテープは接着剤が残ったり、綺麗に剥がれないこともあるので、養生テープの白色がお勧めです。
18	昼食	1日仕事になるので体力を維持できる食事を用意しましょう。
19	飲み物	季節に応じて冷たーい、暖かーい飲み物を用意しましょう。
20	おやつ	好みに応じて準備してください。羊羹は糖分を補給できるので好ましいです。

10.5.1　サークルチケット

コミックマーケットは、コミケットアピールと同封で紙のサークルチケットが届きます。技術書典は、サークルのページからQRコードのサークルチケットをダウンロードして入手します。

紙のサークルチケットを忘れた場合は、現地のイベント事務局に、直接、相談してください。

10.5.2　テーブルクロス

多くのイベントでは、使用されるテーブルとして幅180cmの会議用テーブルが利用されています。サークルスペースは、会議用テーブルの半分（90cm）が割り当てられます。

図10.8: サークルスペースレイアウト

　テーブルクロスを使用するのは、頒布物を目立たせるためと他のサークルと区別しやすくするためです。遠目からサークルスペースが目立ち、頒布物がクッキリする色やデザインを選択してください。

表10.4: テーブルクロス

	方向	サイズ
1	縦	135cm 　前55cm（一般参加者側） 　＋45cm（テーブル天板） 　＋後35cm（サークル参加者側）[8]
2	横	90cm

　テーブルクロスは、手芸店などで布を買ってテーブルサイズに合わせて用意するか、印刷所で印

第10章　イベントの準備　　137

刷する際にオプションで制作します。その他、ネットで販売しているショップ[9]で揃えることもできます。

10.5.3 頒布物

頒布物は、技術同人誌のほか、グッズなども含みます。

10.5.4 見本誌票

コミックマーケットでは、『コミックマーケット申込書セット』に見本誌票[10]が綴じられています。

図10.9: 見本誌票

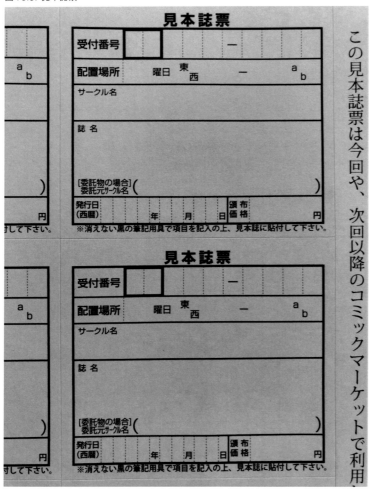

頒布物のうち、新刊を自宅から持ち込む場合は、見本誌を取り分けて表3（裏表紙の内側）に見本

---

9. 参考　あの布屋　http://anonuno.shop-pro.jp/
10. 引用　コミックマーケット準備会　コミックマーケット95　サークル参加申込書セット

誌票を貼り、必要事項を記入しておきます。

　頒布物が新刊で印刷所から直接搬入をする場合は、『コミックマーケット申込書セット』を持参し、現地で見本誌に見本誌票を貼付して準備会のスタッフに提出します。

　技術書典では、事前に電子データで見本誌を提出する運用になっています。案内に従って、技術同人誌のデータをアップロードすると、当日に見本誌を提出する必要はありません。

10.5.5　お品書き

　お品書きは、複数の頒布物を一般参加者に、一目で頒布物と頒布価格を把握してもらうために便利なツールです。ソーシャルネットワークで、事前にお品書きを広報している場合は、それを印刷したものを活用します。

10.5.6　POPスタンド

　POPスタンドは、サークルスペースのテーブルに設置します。POPスタンドやディスプレイ用イーゼルなどを流用できます。POPスタンドは、用意するポップのサイズに合わせて用意します。

図10.10: POPスタンド

10.5.7 ポスタースタンド

　ポスタースタンド[11]は、サークルスペースの椅子の後ろに据え付け、ポスターを掲示します。ポスターは、A1サイズを掲示すると見栄えが良くなります。

---

11. 参考　ストア・エキスプレス　簡易型ポスタースタンド　https://www.store-express.com/CGI/shopping/product_detail.cgi?mode=mypage&unit_id=61-233-11&ctlg_sub=1&ctg_cd=004004003

図10.11: ポスタースタンド

　ポスタースタンドの利用にあたっては、イベント主催者側で高さ制限を設けています。多くは、身長程度を限度としています。イベントスタッフから高さを下げるように指示された場合は、その指示に従ってください。

10.5.8　頒布記録表

　頒布記録表は、頒布記録をとる場合に準備します。回覧板のボードに挟み、フリクションペンで記録します。

図 10.12: 頒布記録表

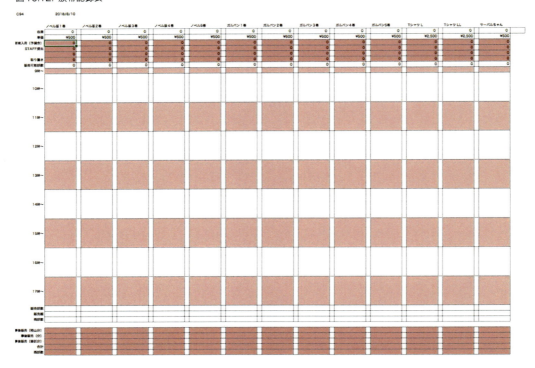

　頒布記録表は、時間帯ごとに頒布した実数を記録します。支払いに QR コード決済を併用する場合は、QR コード決済アプリで頒布数と利用時間の記録を確認できますので、現金分だけを記入します。
　頒布記録表に設ける項目を次表に示します。項目は行に配置し、作品を列に配置します。

表 10.5: 頒布記録

	名称	内容
1	在庫	在庫を持ち込む場合の部数です。
2	タイトル	書籍名です。
3	単価	頒布価格です。
4	新規入荷（予備含）	新刊、既刊の増刷分です。発注数と予備の合計を記載します。
5	提出用	新刊で STAFF に提出する場合に記入します。
6	提供	新刊を近隣サークルや顔見知りのサークルと交換する場合に払い出す部数を記入します。
7	取り置き	取り置きを頼まれた部数を記載します。
8	頒布可能部数	在庫と入荷数から項番 5-7 を除いた正味の頒布可能な部数です。機種在庫に当たります。
9	頒布時間帯	1 時間単位の頒布記録を記入します。10 時から 18 時の枠を用意しておきます。
10	補正	単価と頒布部数の合計と頒布金額と不一致の場合に、原因である記入漏れ分を記載する欄です。
11	頒布実績部数	頒布記録の合計です。
12	頒布金額	単価と頒布部数の積です。
13	残部数	頒布可能部数から頒布実績部数を引いた残りです。

頒布記録表には、釣銭の準備金と頒布した現金の金種を記載し、頒布金額を計算するシートを用意するとイベントごとの精算で便利です。

10.5.9　夏イベント

夏のイベントは、会場に冷房が入ってもサークルスペースの配置場所によっては、冷房が効かないケースもあります。団扇や熱中症対策の品物（冷凍したペットボトルの飲料など）を用意します。

表10.6: 夏イベントの携行品

	名称	内容
1	保冷バック	夏場は食べ物が傷みやすいので保冷バックに入れ、持ち込みます。
2	冷凍したペットボトル	数日前から冷凍しておくか、コンビニなどで冷凍しているドリンクを買って持ち込みます。冷凍してあるので保冷剤替わりにもなります。
3	扇子/団扇	配置場所にもよりますが、暑さ対策であると助かります。筆者のサークルでは、C94の壁配置の際、冷房が当たらずサウナルーム状態になり、ノベルティとして頒布したうちわが役に立ちました。

10.5.10　冬イベント

冬のイベントでは、寒風の通り道に配置されると、寒風がダイレクトに吹き付けることもあります。また、イベントによっては、混雑による室温を調整するため、シャッターを開けることもあります。冬のイベントでは、主に防寒対策用品を準備します。

表10.7: 冬イベントの携行品

	名称	内容
1	ホッカイロ座布団	ホッカイロは、座布団タイプがおすすめです。
2	マフラー	喉を冷やしすぎないためにマフラーや帽子がついたパーカータイプの防寒着があると状況に応じて着脱できるので便利です。
3	保温できる水筒	ホットコーヒーなどを入れておくと、ほっと一息できます。

10.6　頒布目標の設定

事前に頒布目標を設定します。頒布目標は、印刷料金を賄えるラインを閾値に設定します。あまり高いラインを目標にすると、期待値を自ら上げてしまうことになります。イベントごとの実績値が得られるまで、保守的に設定することをお勧めします。

図10.13: 頒布目標

　期待値のギャップが生じると、頒布実績数が目標を下回ったときに、頒布できなかった原因を自分でコントロールできない、何か別の対象に転化しようとします。その結果、効果的な改善点を見誤ってしまう原因を、自ら作ってしまいかねません。

　方針のイベント属性を踏まえ、頒布の実績と向き合い、継続的な改善とプロダクトにフィードバックするために事実は事実として受け入れます。

10.7　体調管理

　入稿では、かなり無理をして原稿の執筆に対応していたことでしょう。全ては、技術同人誌へサークル参加して、対象セグメントの読者に技術的なノウハウやティップスを書籍の形で届けるためです。

　イベント当日までは、睡眠と栄養を摂り、体調を整えて、イベントに備えます。

第11章　イベント当日

　本章では、イベント当日のアクティビティーについて解説します。

図11.1: イベント当日

企画	計画	執筆	体制	装丁
・技術ノウハウ ・技術書典 ・納期>品質>コスト ・1人で ・紙媒体 ・電子媒体 ・IT関係者向け ・『プロジェクト思考で行こう！』 ・P230 ・目次は別紙	・標準パック ・¥2000 ・オンデマンド ・在庫ゼロ ・主に参考文献購入 ・Re:VIEW	・技術同人誌ベース ・目次追加 ・平日朝夜、土日 ・atomで執筆	・執筆1人 ・レビューア1人 ・担当編集1人	・表紙は新デザイン ・本文データ ・A5 ・左とじ ・平とじ ・フォントは統一
	スケジュール ・4月末着手 ・原稿6月末アップ ・技術書典7向け		**マーケティング** ・再販ナイトで広報 ・公式ツイッター	
入稿 ・re:VIEWでPDF出力	**イベント準備** ・頒布用書籍印刷 ・ポスター印刷 ・いつもの備品	**イベント当日** ・8時集合 ・売り子2名	**イベント事後**	

　イベント当日は、慌ただしい状況下で多岐にわたる経験をすることになります。この章を読み、心積もりをしておきます。

図11.2: 夏コミの待機列

11.1 食料の調達

　食料調達は、参加するイベントとサークル参加の人数により、3つのパターンから選択できます。もちろん、自宅からお弁当などを持ち込めば、調達は不要になります。

表 11.1: 食料調達

	イベント名称	ワンオペ	2人以上
1	コミックマーケット	事前に調達しておきます。出来る限り、地元か乗り換え駅などで調達しておくことをお勧めします。	事前に調達しておきます。一般入場制限解除後にサークルメンバーに持ち込みを依頼する技が使えます。
2	技術書典	事前に調達しておきます。都内ターミナル駅での開催のため、開催場所近くでも調達可能です。	事前に調達しておきましょう。複数のメンバーがいるからといっても、一般参加者の入場は夕方まで続きますので抜けて戻るほどの余裕はありません。
3	コミティア（ビッグサイト）	事前に調達しておきます。開催時間中の調達は、サークルスペースを空けてしまうことになるので、一般参加者の対応と防犯の観点から判断してください。コミティアの場合、会場内でフードコーナを設ける場合は、そこで調達することが可能です。	2人以上のサークル参加であれば、開催時間中にイベント会場から出て調達することが可能です。

11.2 設営備品の運搬

公共交通機関を利用して運搬する場合、キャリーカートやスーツケースは、片手を塞いでしまいます。全ての携行品をキャリーカートやスーツケースに収容するか、リックサックで背負うようにします。貴重品などの荷物は、リュックサックなど身につけるバックに入れ、片手は空く様にします。

図 11.3: スーツケース

キャリーケースもスーツケースも頒布物が多いと、荷物の重量が重くなりハンドリングが難しくなるため、キャリーケースの取り回しに注意します。

図11.4: スーツケースの収納例

　携行して持ち込む頒布物の他に、新刊などで直接搬入がある場合、頒布実績によっては撤収時の荷物の方が多くなるケースも想定しておく必要があります。その場合は、宅配便により送り返します。

図11.5: 図面ケース

　印刷したポスターを持ち込む場合、図面を持ち運ぶ図面ケース（A0サイズ）であれば、ポスターの他にポスタースタンドを一緒に収納して持ち運びが可能です。ただし、ポスタースタンドの重量でアジャスタ部分が外れてしまうため、移動時は養生テープなどで連結部分を固定して携行します。

11.3 設営

サークルの入場時間になったら、入場スタッフにサークルチケットを渡すか、電子チケットをスマホに掲示してスキャンしてもらい、サークル入場します。サークルスペースの配置場所は、イベント主催者から事前に配布されていますので、確認しながら指定場所に移動します。

図11.6: サークルスペース

テーブルには、サークル名とスペース番号を示す票が貼付されていますので、表記を確認します。頒布物を直接配送している場合は、テーブルの下に荷物がまとめて置かれていますので、発送した荷物は全て届いていることを確認します。

第11章 イベント当日 | 149

図11.7: サークルスペースの番地

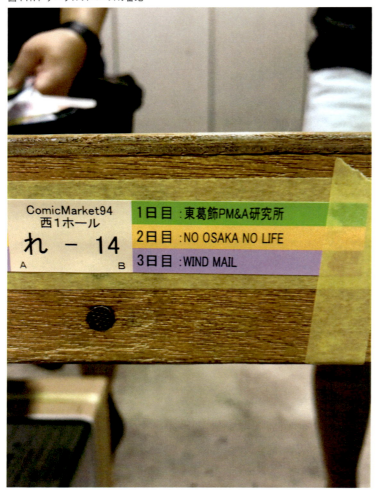

　宅配搬入の場合、配送した荷物は1箇所に纏められて置かれています。荷物は、自分で引き取りに行きます。

11.3.1　テーブルクロス

　テーブルクロスを使用する場合は、最初にテーブルクロスを敷いた後に頒布物を配置します。

11.3.2　搬入数の確認

　印刷所に製本を依頼すると、落丁などの代替のために予備分が含まれています。段ボール箱から、予備分の冊数を示す票[1]などを取り出し、取っておきます。頒布記録表を留めているバインダーに挟んでおくと、無くしてしまうことはありません。

---

1. 参考　POPLS　予備分　同梱のお知らせ

図 11.8: 印刷の予備分

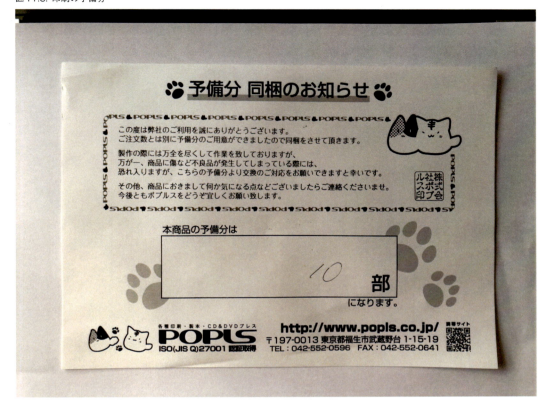

11.3.3　頒布予定数の確認

搬入で受け取った配布物の数量を確認します。細かく記録するのは、この数量が期首在庫にあたるためです。正確に記録します。

11.3.4　見本誌の提出

新刊は必ず見本誌を提出します。見本誌票に必要事項（サークル名、書籍名など）を記入の上、指定された場所に貼付します。

サークル入場時間帯に、サークルスペースにイベントスタッフが見本誌回収に巡回します。見本誌票を貼付して、見本誌を渡して確認してもらいます。スタッフ事務局に持参する場合は、見本誌を持参して確認してもらいます。

イベント主催者の指定で、電子ファイルによる見本誌を指示している場合は、指定された日時までに電子ファイルの見本誌をアップロードしておきます。電子ファイルを提出した場合は、紙の見本誌の提出は不要です。

11.3.5　取り置き

自分用、サークルメンバーへの頒布用又は直接取り置きを頼まれた場合は、頒布前に取り置きし

ておきます。付箋紙や取り置きのメモを書いたしおりを挟んでおきます。

イベントにより、隣り合わせのサークルと、頒布物をご挨拶がわりに交換する慣習の残っている場合もあります。挨拶がわりに頒布物を渡して交換したら、その分も記録します。

11.3.6　正味頒布予定数の確認

発注した印刷数に予備を足した総数から、見本誌、取り置き分の差し引き分が正味の頒布可能な数量となります。頒布予定数が確定したら、頒布記録表に記入します。

11.3.7　テーブルレイアウト

テーブルには、テーブルクロスを敷いた上に、頒布物、POPスタンド（POPスタンドで掲示をする場合）、見本誌スタンド（イーゼル、写真立てを使用する場合）を配置します。釣銭、釣銭皿（使用する場合）は、一般入場者から見えない場所に配置します。

図11.9: 頒布物の設営

テーブルレイアウトが済んだら、テーブルの写真を撮り、ソーシャルネットワークで準備が済んでいることをアピールします。ソーシャルネットワークで、イベントをチェックしている一般参加者の目に触れる機会を増やします。

11.3.8　頒布物の配置

頒布物の種類が少ない場合は、同じ頒布物をふたつ並べ、見本誌を別に置くなどボリュームがあるように配置の工夫をします。

11.3.9 POPスタンドとポスタースタンド

POPスタンドをテーブルの上に据付する場合、頒布物の後ろ（サークル参加者側）に配置します。

図11.10: POPスタンド

POPスタンドを配置すると一般参加者からPOPの背後が見えないため、釣銭をおく場所が確保できます。POPスタンドの後ろを利用する場合は、完全に隠れることを確認した上で、利用してください。

図11.11: ポスタースタンド

　ポスタースタンドは、椅子の後ろに配置します。サークルスペースの島の中が狭い場合は、後ろにし過ぎてほかのサークルの通行に支障が出ないようにします。

11.4　貴重品の管理

　イベント当日持ち込む貴重品の管理は、サークル参加者自身で行います。貴重品はテーブルスペースから離れる場合は、手間であってもトラブルを未然に防止する行動を優先し、必ず携行します。貴重品には、釣銭の他、電子機器なども該当します。

11.4.1　釣銭皿と釣銭

　釣銭皿は、開場後にテーブルのサークルスペース側に配置しておきます。釣銭は、可能であればテーブルスペースの足元に置き、一般参加者から見えないように配置することで、余計なリスクを低減する措置を取ります。

11.4.2　電子機器の管理

　PC、タブレット、スマートフォン、モバイルバッテリなどが該当します。高価なデバイスですから、遺失や盗難に遭わないようにしてください。

11.5　頒布（一般入場の開始）

　一般入場者の入場が始まったら、技術同人誌のキーワードを大声にならない程度で声掛けします。サークルスペースの側にきたら、どのような技術的なノウハウやプラクティスを取り扱っているか説明します。

　初対面の知らない人への声掛けは、勇気を必要とします。しかし、対象セグメントの読者の候補は目の間にいるのです。成さなければならないことは、1冊でも多く読者の手に技術同人誌を届けることです。

11.5.1　頒布時の部数確認

　一般参加の方へ頒布する際には、頒布部数、価格の合計を口頭で確認します。頒布物が複数ある場合は、オペレーションミスを防止するために必ず行ってください。

11.5.2　現金の確認

　頒布物の対価を預かった際には、必ず現金の金種を確認します。声を出して確認しましょう。国内の紙幣や貨幣で古いデザインや流通の少ない金種をネタとして使う一般参加者が稀にいますので、勘違いしないように注意します。

　海外の貨幣には、日本の貨幣に似たサイズ、デザインの物があるようです。価値は違いますので、トラブルを防止するためにも、受け取るタイミングで確認します。この時点では、まだ、受け取った現金はテーブルスペースの上におきます。釣銭皿を使用すると確かめられるので抑止力になります。

11.5.3　釣銭と本を渡す

　預かった現金は、テーブルの上に置いておき、頒布物と釣銭の順に渡します。慣れるまでは、ゆっくりと確実に行ってください。

図 11.12: 現金の授受

11.5.4 預かり金の収納

預かった現金をしまいます。金種ごとに分けておくと、釣銭を出すときや撤収が楽になります。

11.5.5 頒布の記録

頒布記録を記録する場合、頒布記録表に頒布時間帯ごとに数量を記入します。記録は、現金の分を記録します。QRコードでの頒布は、イベント終了後の決算時に確認します。

11.5.6 トイレ休憩

ワンオペで対応する場合、トイレなどで離れる際には、お隣のサークルへ『すぐ戻ります』など声掛けします。無くなって困るものは一時的に収納するか、通路側に下げてあるテーブルクロスを上に掛けてから離席します。現金、電子機器など高価な携行品は、面倒臭がらず必ず持ち歩くようにします。面倒より安全を優先することで、不要なトラブルの防止に努めます。

11.6 撤収（イベントの終了）

イベント時間の途中で予定してた頒布物の頒布が終了した場合、イベント時間中に退場しても構

いません。お隣のサークルに一声掛けてから、撤収します。

撤収にあたっては、持参した携行品を取りまとめます。サークルスペースは現状回復（折りたたみ椅子は元の位置に戻します）した上で、ダンボールなどイベント主催者が回収してくれる廃棄物を回収場所に運びます。

11.6.1　現金の収納

現金は、リュックサックなどのバッグの奥底に仕舞うなど、最後まで安全対策を怠らないようにします。

11.6.2　頒布物の収納

頒布物が残った場合、ダンボール箱に収容し、養生テープで固定します。宅配業者を使って自宅に送る場合は、イベント主催者が着払いの送り状を用意していますので、送り状を分けてもらい、記入後に発送手続きを行います。

11.6.3　設営物の収納

設営の備品などをキャリーケース、スーツケースなどに収納します。次のイベント参加時に再利用するために丁寧に取り扱います。分解した器具などは、紛失しないようにビニール袋などに仕舞います。

ポスタースタンドによっては、ポスターを固定する器具の種類により、無理に引っ張るとポスターが破れてしまうことがあります。

11.6.4　ゴミの分別と廃棄

イベントにより、イベント主催者側で回収してくれるゴミの種類に違いがあります。イベント主催者の指示に従って対応します。

表11.2: イベント別ゴミ分別

	イベント名称	内容
1	コミックマーケット/コミティア	ダンボール、紙、ペットボトル、不燃物など分別して回収してくれます。
2	技術書典（第6回まで）	ダンボールのみ回収してくれます。その他のゴミはサークルが持ち帰り、処分します。

第12章 イベント終了後

　イベント終了後に、後処理を行います。当日持ち帰った携行品は、次回に使いやすいように手入れをし、保管しておきます。頒布記録表は、仮でデータを登録しておきます。

図12.1: イベント事後

　QRコードによる決済を利用した場合、所定の日数で振り込まれます。QRコードのアプリで取り引き時間を確認して、頒布記録表に記録しておきます。

12.1 頒布実績の確定

　頒布物の残りの数量をカウントし、頒布記録表に入力します。頒布数が多い場合、頒布記録漏れが生じ、頒布した部数と金額が一致しない場合があります。

　現金とQRコードの頒布金額の合計が正の数字です。授受した金種から頒布数の合計が導出できますので、その数字に頒布数が合うように調整します。

　頒布数は、頒布金額の合計から用意した釣銭を引き、頒布した技術同人誌の単価で正確に求められます。頒布実績を記録するのは、参加するイベントにより、頒布する時間で傾向があるかを見る

ためです。

図12.2: 頒布実績

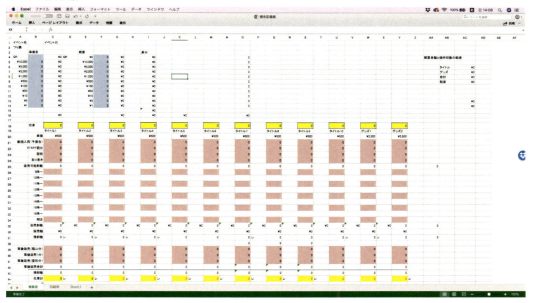

　正確な頒布数は導出できるため、頒布した時間別の記録は参考程度の扱いで十分です。記録漏れなどで時間が不明な数量は、頒布記録表の最後に調整欄を設け、頒布数を記録します。

12.2 決算

　現金、QRコード決済などの収入、イベント参加で使用した経費を計算し、イベント決算を確定します。頒布記録表から、決算用の計算シートを用意しておくと便利です。

　イベント個別に掛かる経費には、年間を通して使うサブスクリプションのSaaSなどは除外します。個々のイベントの決算と年間の経費として掛かる経費は確定申告のタイミングで計算します。

12.2.1　現金の収入

　現金は金種を数え、現金収入として確定します。

12.2.2　QRコード決済の収入

　QRコード決済での収入は、QRコード決済のアプリ提供者から、所定の営業日後に登録した金融機関の口座に振り込まれます。アプリで頒布数を確認し、振込金額に間違いがないかを確認します。

12.2.3　経費の計算

　イベント参加費用から、イベント当日までかかった経費を計算します。収入と経費が揃えば、イベント別の決算が確定します。

12.3 在庫の確認

頒布残数が、イベント後の在庫にあたります。頒布の残りは、次回のイベントで頒布するか、同人誌の取扱業者に委託したり、boothなどのプラットフォームに出店して頒布するなど、在庫の現金化を進めます。

12.4 頒布記録表

頒布記録は、実績を記録し続けることで、同一イベント、イベント参加年数での傾向を知り、次回参加時の印刷部数の需給予測で利用します。

図12.3: 累計実績のグラフ

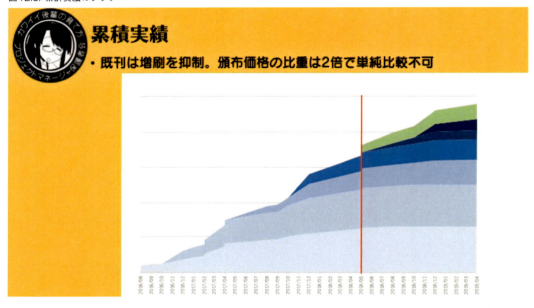

継続的に頒布のデータを記録して、次回の印刷部数の見積もりに活用します。

12.5 次回の申し込み

コミックマーケットは、イベント開催中に次回イベント申し込みを受け付けします。コミックマーケットや技術書典では、頒布実績数を入力するため、頒布数の実績確定（精緻である必要はありません）は、翌日には完了しておく方が申し込み時に慌てなくて済みます。

技術書典の申し込みは、イベント終了後にしばらく期間を空けてから告知されますので、公式ツイッターをフォローしておきます。

12.6 打ち上げ

サークル参加がメンバーを伴う場合は、打ち上げをして全員で労い、次のイベント参加へ繋げま

す。技術書典では、非公式のアフターイベントが開催されるケースもあります。

図12.4: 打ち上げ

12.7　確定申告

　国税当局の確定申告の規定に該当する場合は、確定申告を行います。確定申告にあたっては、確定申告の時期が決められていますので、案内に従い対応してください。

　SaaSで会計サービスを提供しているので、経費発生の都度、経費や売り上げを登録しておくことで、確定申告をスムーズに行えます。

　詳しく知りたい場合は、市町村の確定申告時期に開かれる相談会、国税庁のページ、確定申告特集の書籍などを参考にするか、専門家である会計士に相談（費用が掛かります）してください。

　会計ソフトのWebサービスでは、会計士を紹介するサービスを行っているケースもあります。

後書き

技術同人誌の生い立ちについては、インターネットを検索しても確かな情報と思われる所に辿り着くことはできませんが、日本で最大の同人誌頒布イベントであるコミックマーケットのジャンルコードをWikipediaで追ってみると、次のようにジャンルコードの変遷を知ることができます。

コミックマーケットの ジャンルコード[1]とは、コミックマーケットの事務処理の効率を図るために導入された、出展を希望するサークルで取り扱う頒布物を分類するコードで、C31（1986年冬）からジャンルによる分類の導入が開始されています。

コミックマーケットにおける技術同人誌は、『論評・情報』または『同人ソフト』のいずれかのジャンルのうち、サークルが出展するコンテンツに近い方でエントリすることになります。論評・情報は、ジャンルコードが創設されたC31当時から『論評・研究』として設けられていることを確認できます。

ジャンルコードの変遷[2]を手繰ると、C76（2007年夏）に同人ソフトは創作（デジタル・その他）、同人ソフト、東方Projectで取り扱うように変更され、分離独立されたことがわかります。

さらに、C48（1995年夏）では、ゲームジャンルの再編成が行われ、コンピュータ、ゲーム、アーケードゲーム、ファミコンが同人ソフト、ゲーム（電源不要）、ゲーム（格闘）、ゲーム（RPG）、ゲーム（その他）に再編されており、同人ソフトの分離ではそこまで確認することができます。

同人誌イベントは、コミックマーケットのようなオールジャンル（全てのジャンルを扱う）とは別に、1つのジャンルを扱うオンリーイベントが存在します。技術同人誌のオンリーイベントでは、2016年から技術書典が開かれるようになり、開催を重ねるごとにエンジニアの高い関心を集めています。

本書を加筆しているタイミングで、新たな技術書オンリーイベントである『技術書同人誌博覧会（技書博）』の第1回目が開催されました。さらにイベントの開催と同時に、第2回目の告知も広報されていました。

技術書典6でも、技書博でも、コミックマーケットC96でも、サークル参加されている方から、本書の底本としている『技術同人誌を製作するための知識体系』を参考に技術書を作られたと、サークルスペースにお立ち寄りされ、教えていただきました。

これらのケースから、エンジニアは技術同人誌を書きたいと思う気持ちの裏腹に、技術同人誌を作り始めるきっかけを探していて、その手助けを『技術同人誌を製作するための知識体系』でサポート出来ていたとしたら、それはとても嬉しいことです。

このような背景から、これまでコミックマーケットや技術書典で経験して得た経験知を、本という媒体を介した形式知にすることで、技術同人誌を書きたいと思っているエンジニアの制作進行の一層の支えになることを期待して、大幅にアップデートしました。

本書は、底本の技術同人誌を加筆し、内容を充実させたものです。技術同人誌の企画、制作に関

1.出典　コミックマーケットのジャンルコード　https://ja.wikipedia.org/wiki/コミックマーケットのジャンルコード
2.出典　Myrmecoleon in Paradoxical Library.　はてな新館　同人誌と図書館　ジャンルコードと分類法・2　http://d.hatena.ne.jp/myrmecoleon/20061217/1166337721#20061217f2

する方針、スケジュールの立て方、技術同人誌の執筆、紙媒体の入稿、イベント準備や当日の運営について、プロダクトマネジメントとプロジェクトマネジメントの観点で書かれています。

エンジニアであれば、一度は技術書を書いてみたいと思うのではないでしょうか。商業誌を出すためには、出版社の企画を通さなければなりませんが、技術同人誌であれば、エンジニアが書こうと思い立ったらいつでも、書籍を世に出すことが実現可能な時代になっています。原稿を書くエディター、組版ができるソフトウェア、それを個人の所有するPCで行える環境は、すでに揃っています。

技術同人誌の制作は、執筆者がプロダクトマネジメントに関わる全ての要素と、アウトプットを実現するプロジェクトマネジメントの要素を実践する場です。技術同人誌を書くことを始めなければ、仕事では決して経験することはなかった体験を得られます。新しい経験は、執筆者の好奇心を広げることでしょう。

本書をきっかけとして、1冊でも多くの技術同人誌が世に出され、多くのエンジニアの手に渡ることを願っています。

著者紹介

稲山 文孝 (いなやま ふみたか)

株式会社ユーザベースCorporate Engineering Team Manager / プロジェクトマネジメント、チームビルディング、キャリアデザインを中心としたコンテンツの企画、執筆、ワークショップを提供。東葛飾PM&A研究所代表、プロジェクトマネージャ保護者会オーガナイザー。

◎本書スタッフ
アートディレクター/装丁：岡田章志＋GY
編集協力：飯嶋玲子
デジタル編集：栗原 翔

〈表紙イラスト〉
はこしろ
フリーランスのイラストレーター。書籍の表紙からweb用のイラスト、アナログゲームイラストまで、広く手がける。

技術の泉シリーズ・刊行によせて
技術者の知見のアウトプットである技術同人誌は、急速に認知度を高めています。インプレスR&Dは国内最大級の即売会「技術書典」(https://techbookfest.org/)で頒布された技術同人誌を底本とした商業書籍を2016年より刊行し、これらを中心とした『技術書典シリーズ』を展開してきました。2019年4月、より幅広い技術同人誌を対象とし、最新の知見を発信するために『技術の泉シリーズ』へリニューアルしました。今後は「技術書典」をはじめとした各種即売会や、勉強会・LT会などで頒布された技術同人誌を底本とした商業書籍を刊行し、技術同人誌の普及と発展に貢献することを目指します。エンジニアの"知の結晶"である技術同人誌の世界に、より多くの方が触れていただくきっかけになれば幸いです。

株式会社インプレスR&D
技術の泉シリーズ 編集長 山城 敬

●お断り
掲載したURLは2019年7月1日現在のものです。サイトの都合で変更されることがあります。また、電子版ではURLにハイパーリンクを設定していますが、端末やビューアー、リンク先のファイルタイプによっては表示されないことがあります。あらかじめご了承ください。
●本書の内容についてのお問い合わせ先
株式会社インプレスR&D メール窓口
np-info@impress.co.jp
件名に『本書名』問い合わせ係」と明記してお送りください。
電話やFAX、郵便でのご質問にはお答えできません。返信までには、しばらくお時間をいただく場合があります。
なお、本書の範囲を超えるご質問にはお答えしかねますので、あらかじめご了承ください。
また、本書の内容についてはNextPublishingオフィシャルWebサイトにて情報を公開しております。
https://nextpublishing.jp/

●落丁・乱丁本はお手数ですが、インプレスカスタマーセンターまでお送りください。送料弊社負担 でお取り替えさせていただきます。但し、古書店で購入されたものについてはお取り替えできません。
■読者の窓口
インプレスカスタマーセンター
〒101-0051
東京都千代田区神田神保町一丁目 105番地
TEL 03-6837-5016／FAX 03-6837-5023
info@impress.co.jp
■書店／販売店のご注文窓口
株式会社インプレス受注センター
TEL 048-449-8040／FAX 048-449-8041

技術の泉シリーズ

プロジェクト思考で行こう！〜技術同人誌を作る技術

2019年9月6日　初版発行Ver.1.0（PDF版）

著　者　稲山 文孝
編集人　山城 敬
発行人　井芹 昌信
発　行　株式会社インプレスR&D
　　　　〒101-0051
　　　　東京都千代田区神田神保町一丁目105番地
　　　　https://nextpublishing.jp/
発　売　株式会社インプレス
　　　　〒101-0051　東京都千代田区神田神保町一丁目105番地

●本書は著作権法上の保護を受けています。本書の一部あるいは全部について株式会社インプレスR&Dから文書による許諾を得ずに、いかなる方法においても無断で複写、複製することは禁じられています。

©2019 Fumitaka Inayama. All rights reserved.
印刷・製本　京葉流通倉庫株式会社
Printed in Japan

ISBN978-4-8443-7819-8

NextPublishing®

●本書はNextPublishingメソッドによって発行されています。
NextPublishingメソッドは株式会社インプレスR&Dが開発した、電子書籍と印刷書籍を同時発行できるデジタルファースト型の新出版方式です。https://nextpublishing.jp/